乳制品加工技术

王　建　编著

中国社会出版社

图书在版编目(CIP)数据

乳制品加工技术/王建编著．—北京：中国社会出版社，2009.10

ISBN 978－7－5087－2873－5

Ⅰ．乳…　Ⅱ．王…　Ⅲ．乳制品—食品加工　Ⅳ．TS252.4

中国版本图书馆 CIP 数据核字(2009)第 188947 号

书　　名： 乳制品加工技术
编　　著： 王　建
责任编辑： 王晓燕

出版发行： 中国社会出版社　邮政编码：100032
通联方法： 北京市西城区二龙路甲 33 号新龙大厦
电话：(010)66080300　(010)66083600
(010)66085300　(010)66063678
邮购部：(010)66060275
电　传：(010)66051713
网　　址： www.shcbs.com.cn
经　　销： 各地新华书店

印刷装订： 中国电影出版社印刷厂
开　　本： 140mm×203mm　1/32
印　　张： 6.375
字　　数： 160 千字
版　　次： 2009 年 12 月第 1 版
印　　次： 2014 年 3 月第 3 次印刷
定　　价： 12.00 元

目 录

第一章　乳及乳制品的基础知识

第一节　乳的组成

一、牛乳的成分

乳是哺乳动物为哺育幼儿从乳腺分泌的一种白色或稍带黄色的不透明液体，它不仅具有幼小动物所需的各种营养素，而且极易被消化吸收。牛乳的主要成分为水分、蛋白质、脂肪、碳水化合物、无机盐、磷脂类、维生素、酶、色素、气体及多种微量元素，见表1－1。从化学观点看，牛乳是各种物质的混合物，其中水是溶剂，其他物质是溶质。除了水之外的物质我们称为干物质，或称为全乳固体；其中干物质又可以分为脂肪和非脂乳固体。

正常的牛乳，其各种成分的含量大致是稳定的，但会由于乳牛的品种、个体差异、泌乳期、年龄、饲料、季节、气温、挤乳状况及健康状况等因素的影响而有所不同，其中变动最大的是脂肪，其次是蛋白质。

表1－1　牛乳中主要成分及含量

成　分	平均含量	范围	占干物质的平均含量
水	87.1	85.3～88.7	—
非脂乳固体	8.9	7.9～10.0	—
脂肪（占干物质）	31	22～38	—
乳糖	4.6	3.8～5.3	36
脂肪	4.0	2.5～5.5	31
蛋白质	3.3	2.3～4.4	25

续表

成　　分	平均含量	范围	占干物质的平均含量
酪蛋白	2.6	1.7～3.5	20
矿物质	0.7	0.57～0.83	5.4
有机酸	0.17	0.12～0.21	1.3

（一）蛋白质

牛乳中的蛋白质大致可分为酪蛋白和乳清蛋白两部分，酪蛋白约占牛乳蛋白质总量的86%，多以酪蛋白钙的形式存在。乳清蛋白包含乳白蛋白和乳球蛋白，前者占乳蛋白质总量的9%，后者占3%。乳白蛋白约占乳清蛋白的68%，乳白蛋白还可以细分为α—乳白蛋白（约占乳清蛋白的19.7%）、β—乳球蛋白（约占乳清蛋白的43.6%）、血清蛋白（约占乳清蛋白的4.7%）。此外，牛乳中还含有少量的蛋白胨等。牛乳蛋白质是完全蛋白质，它含有一切人体必需的氨基酸，它的消化率比植物蛋白质高，本身为一种能源。

（二）脂肪

乳脂质中约有97%～99%为乳脂肪，另外还有磷脂、甾醇、游离脂肪酸、脂溶性维生素等。乳脂肪分子是由一个分子的甘油和三个分子的脂肪酸所组成的甘油三酸酯的混合物。

乳脂肪不溶于水，而是以脂肪球的状态分布于乳液中。1ml牛乳中约有2×10^9～4×10^9个脂肪球，脂肪球大小为0.1～10μm，平均为3μm，大小根据乳牛品种、泌乳期、饲料、健康状况等有所不同。一般来说，脂肪含量高脂肪球大，随着泌乳期的推进脂肪球渐小，但此时脂肪球数量较多。在乳品加工中，脂肪球可以通过均质处理而均匀变小，这样能够减缓牛乳中的脂肪上浮现象。

乳脂肪与牛乳风味有密切的关系，也是乳油、干酪等产品的主要成分。由于乳脂肪中含有14%的低级（14个碳以下）挥发性脂肪酸，其中水溶性脂肪酸达到8%左右，且熔点较低，在室温下呈液态，易挥发，这类乳脂风味良好且易于消化。乳脂肪是脂溶性维生素重要的来源，其中维生素A和胡萝卜素含量很高，胡萝卜素被人体吸收后可以转化形成维生素A，这就是牛乳略呈微黄色的原因。但乳脂肪氧化会出现哈喇味，或被细菌分解产生丁酸，使牛乳出现刺激性的分解臭。

（三）乳糖

牛乳中乳糖含量为4.5%～5.0%，占牛乳中总碳水化合物的99.8%。牛乳的甜味完全来自乳糖。牛乳中除乳糖外，还有少量单糖，一般为葡萄糖和半乳糖。乳糖含量受乳牛品种、个体等因素影响，一般含脂率高的牛乳，乳糖含量也高。影响乳糖含量最大的因素是乳房的健康状况，乳房炎能抑制乳糖含量。

乳糖是哺乳动物乳汁中特有的成分，属于碳水化合物，可它的营养价值却大大超过一般的碳水化合物。乳糖对婴幼儿的生长发育有重要意义，乳糖水解时可产生半乳糖促进脑苷脂类的生长，同时促进幼儿智力发育。在婴儿食品中添加乳糖可促进钙的吸收。乳糖的另一个特点是能促进人肠道内有益菌——乳酸菌的生长，从而可抑制肠道内有害细菌的生长发育。

有部分人群其消化道内缺乏乳糖酶，不能分解和吸收乳糖，饮用牛乳后出现腹痛、腹泻等症状，这就是所谓的“乳糖不耐症”。我国南方地区不适应人群较北方多一些。其原因是由于肠道内没有能够分解牛乳中乳糖的乳糖酶，乳糖直接进入大肠后，使大肠的渗透压增高，大肠黏膜把水分吸收至大肠中，由于大肠中细菌的繁殖而产生乳酸和二氧化碳，使pH降低至6.5以下，从而刺激大肠引起腹痛等不适症状。

乳糖不仅是牛乳和乳制品的营养来源之一，而且在发酵乳制品中充当着重要的角色。此外，乳糖的溶解性比较低，结晶以后对甜炼乳和冰激凌的品质及冷冻稳定性影响较大。

（四）矿物质（无机质）

牛乳中的矿物质大多与有机酸结合成盐类，少部分与蛋白质结合或吸附于脂肪球膜。牛乳中的矿物质成分主要有钙、磷、钾、镁、硫、氯，其中碱性成分多过酸性成分，因此牛乳成分呈碱性。除了这些无机成分外，牛乳中还含有多种微量元素，如锌、铜、铁、锰、钼等。

牛乳经乳酸菌发酵，酸度不断升高，使原来不溶性的无机盐成分逐渐变成可溶性物质，最终钙、镁、磷全部变为可溶性。因此，发酵乳中的矿物质更易于人体的吸收。

（五）维生素

牛乳中的维生素不是能量供给的源泉，但微量的维生素能调节体内的新陈代谢，与动物营养及繁殖有密切关系。人体所需的维生素，牛乳中几乎都存在，特别是维生素 B_2 含量很丰富，但维生素 D 的含量不多，所以牛乳在作为婴儿食品的同时应强化维生素 D。

牛乳中维生素可分为脂溶性维生素（如维生素 A、D、E、K）及水溶性维生素（如维生素 B_1、B_2、B_6、B_{12}、C、尼克酸等）两大类。牛乳中的维生素有的来源于饲料中，如维生素 E；有的可通过乳牛胃中的微生物进行合成，如维生素 B。牛乳中的维生素热稳定性不同，有的对热非常稳定，如维生素 A、维生素 D、维生素 B_2 等；有的热敏感性很强，如维生素 C 等。

二、牛乳的物理性质

乳的物理性质是鉴定原料乳质量的重要依据。

（一）乳的密度与比重

牛乳的密度是指在 20℃时乳的质量与同容积水在 4℃时的质量比。正常牛乳的密度为 $D_4^{20}=1.030$。

牛乳的比重也称为相对密度，是指乳在 15℃时的质量与同容积水在 15℃时的质量比，正常牛乳的 $D_{15}^{15}=1.032$。乳的 D_{15}^{15} 通常用牛乳密度计（或称乳稠计）来测定。

乳的比重是由乳中所含干物质的量所决定的，通过对牛乳比重及脂肪的测定，可计算乳的干物质的近似值。计算公式有很多，其中常用的有巴布考克（Babcock）公式：

$$T=0.25L+1.2F+C$$

式中：T——干物质的百分含量；

L——乳稠计的读数；

F——脂肪的百分含量；

C——校正系数，在0.14～0.3范围，常取0.14。

（二）色泽

正常新鲜的牛乳呈不透明的乳白色或淡黄色。牛乳中的脂溶性胡萝卜素和叶黄素则使乳略带淡黄色，水溶性核黄素即维生素 B_2 使乳清呈荧光性黄绿色。

（三）乳的滋味和气味

乳中含有挥发性脂肪酸及其他挥发性物质使牛乳具有特殊的香味。加热会加强牛乳的香气，冷却会减弱。

牛乳非常容易吸收外界的各种气味，因此其滋气味也很容易受外界的影响。如挤出的牛乳在牛舍中放置时间过长，则会带有牛粪味或饲料味。贮藏容器不良时，则产生金属味。

牛乳由于本身发生变化或受加工条件的影响，其滋气味也会有所改变。异常乳，如乳房炎乳，因氯的含量较高，则有浓厚的咸味。乳中的苦味来自 Mg^{2+}、Ca^{2+} 及低温菌和某些酵母分解乳中蛋白质产生的多肽，解脂酶分解脂肪产生的某些游离脂肪酸也使乳产生苦味。在加工过程中，温度过高则使乳糖焦化产生焦糖味；在76℃～78℃瞬间加热则使牛乳产生蒸煮味。

（四）乳的冰点、沸点和比热容

1. 乳的冰点

乳的冰点一般为－0.525℃～－0.565℃，平均为－0.542℃。乳中的乳糖和盐类是导致冰点下降的主要原因。正常牛乳的乳糖和盐类的含量变化很小，所以乳的冰点较稳定，若乳中加水，乳的冰点上升，因此可根据冰点的变动来推算牛乳中的掺水量，计算公式为：

$$\omega=\frac{t-t'}{t}(100-\omega_s)$$

式中：ω——以质量计的加水量（%）；

t——正常乳的冰点（℃）；

t'—— 被检乳的冰点（℃）；

ω_s—— 被检乳的乳固体含量（%）。

以上计算对新鲜牛乳是有效的，但酸败的牛乳冰点会降低，所以测定冰点时乳的酸度必须在20°T以下。

2. 沸点

牛乳的沸点在1个大气压下约为100.55℃，乳固体含量增高，沸点升高。

3. 比热容

牛乳的比热容约为3.89kJ/(kg·℃)。牛乳的比热容与其主要成分的比热容及其百分含量有关。乳中主要成分的比热容分别是：乳脂肪2.09kJ/(kg·℃)、乳蛋白质2.09kJ/(kg·℃)、乳糖1.25kJ/(kg·℃)、盐类2.93kJ/(kg·℃)。

温度在14℃～16℃时，乳脂肪含量越高，乳的比热容越大；在其他温度范围内，乳脂肪含量越高，乳的比热容越小。

乳制品的比热容在乳品加工生产上有很重要的意义。在计算热量和制冷量时，可采用表1－2的数据作为参考。

表1－2 几种乳制品的比热容

	Kcal/(kg·℃)	Kcal/(kg·℃)
牛乳	0.94～0.95	3.92～3.97
稀乳油	0.80～0.98	3.34～4.09
干酪	0.58～0.60	2.42～2.51
炼乳	0.52～0.56	2.17～2.37
加糖乳粉	0.44～0.48	1.83～2.01

（五）酸度

1. 牛乳的酸度

牛乳的酸度分自然酸度和发酵酸度，自然酸度主要来自乳中的酸性物质如蛋白质、柠檬酸盐、磷酸盐、二氧化碳等，而发酵酸度是牛乳在微生物的作用下进行乳酸发酵，使乳的酸度升高，这种因发酵产酸而升高的酸度称为发酵酸度。一般情况下，乳的酸度为自然酸度和发酵酸度之和，即总酸度。

2. 酸度的表示方法

我国滴定酸度常用吉尔涅尔度（°T）或乳酸度（乳酸%）来表示。

（1）吉尔涅尔度（°T），又称为滴定酸度，以酚酞作指示剂，中和100ml乳所消耗的0.1N的氢氧化钠的毫升数。

测定时常取10ml牛乳，用20ml蒸馏水稀释，加入0.5%的酚酞指示剂0.5ml，然后用0.1mol/L的氢氧化钠溶液进行滴定，将所消耗的氢氧化钠毫升数乘以10即为°T。正常新鲜牛乳的滴定酸度应为16 °T～18 °T。

（2）乳酸度（乳酸%），用乳酸量来表示，正常新鲜牛乳的乳酸度为0.15%～0.18%。

用下列公式计算：

$$\text{乳酸（\%）}=\frac{0.1\text{mol/LNaOH 体积（ml）}\times 0.009}{\text{被检牛乳质量（g）}}$$

3. 乳的pH

正常牛乳的pH为6.5～6.7，酸败乳和初乳的pH≤6.4，乳房炎乳和低酸度乳的pH≥6.8。在生产中常用滴定酸度来表示乳的酸度，因为滴定酸度能及时反映出乳酸产生的程度，因此生产中广泛采用测定滴定酸度来间接掌握原料乳的新鲜度。

4. 牛乳的酸度与热稳定性的关系

酸度是衡量牛乳新鲜程度和热稳定性的重要指标，一般来说，酸度高则新鲜程度和热稳定性差，可贮存时间较短；酸度低则表示新鲜程度和热稳定性好，可贮存时间长，如表 1－3 所示。

新鲜牛乳的滴定酸度为 16 °T～18 °T；用于制造乳粉的原料生乳，酸度不得超过 20 °T；酸度不超过 22 °T的原料生乳尚可制造乳油，但其风味较差；酸度超过 22 °T的原料生乳只能用于制造工业用的干酪素、乳糖等。

表 1－3　乳的酸度与乳的凝固温度

乳的酸度（°T）	凝固条件	乳的酸度（°T）	凝固条件
18	煮沸时不凝固	40	加热至 63℃时凝固
20	煮沸时不凝固	50	加热至 40℃时凝固
26	煮沸时不凝固	60	22℃时凝固
28	煮沸时凝固	65	16℃时凝固
30	加热至 77℃时凝固		

（六）乳的黏度

正常乳的黏度为 0.0015～0.002Pa・s，乳的黏度随含脂率、乳固体含量的增高而增高，随温度的升高而降低，初乳、末乳的黏度比正常乳高，黏度也受脱脂、均质、杀菌等操作的影响。

第二节　异常乳

正常乳的成分和性质基本稳定，当乳牛受到饲养管理、疾病、气温以及其他因素的影响时，乳的成分和性质发生变化，这种乳称为异常乳。一般情况下，异常乳是不适合加工使用的。

异常乳可分为：生理异常乳、化学异常乳、微生物污染乳、病理异常乳。

一、生理异常乳

1. 营养不良乳

乳牛饲料不足、营养不良时所产的乳称为营养不良乳。当乳牛加强营养后，产乳可恢复正常。营养不良乳由于对皱胃酶几乎不凝固，因此不能用来制作干酪。

2. 初乳

乳牛产犊后一周之内所分泌的乳称之为初乳，特别是3天之内的初乳，其特征更明显。感官上，初乳呈黄褐色，有异臭，味苦且黏度大；理化性质上，初乳的干物质（14.4%）、脂肪（4.3%）、蛋白质（5.0%）含量高于常乳，铁的含量高出常乳3～5倍，铜高出6倍；维生素A高出常乳10倍，维生素D高出3～4倍，维生素C高出10倍。维生素B_2高出3～4倍。特别提出的是初乳的乳糖含量较常乳低。初乳虽然不能用于加工制作一般的乳制品，但由于初乳中含有大量的免疫球蛋白，及其他对人体重要的活性物质，如乳铁蛋白、溶菌酶、过氧化物酶，及各种生长因子如胰岛素生长因子、转移生长因子等，可以用于加工特殊乳制品，或提纯其免疫物质、活性物质用于人体保健。

3. 末乳

也称老乳，即干乳期前1周左右所产的乳。末乳有苦味、微咸味，含脂酶多，常有脂肪氧化味；物理性质上除脂肪外，其他均较常乳高；一般泌乳末期的乳pH达7.0，细菌数达250万/ml，因此不能用来加工制作乳制品。

二、化学异常乳

1. 酒精阳性乳

原料乳验收时，根据收乳标准，采用浓度为68°、70°和72°的酒精与等量的乳进行混合，凡产生絮状凝块的乳，称为酒精阳性乳，可分为：

（1）低酸度酒精阳性乳

这种乳酸度虽低（16 °T以下），但酒精试验也呈阳性，所以称为低酸度酒精阳性乳。其产生的原因有：

①环境　除遗传因素外，饲养管理、产乳期、季节等不适会造成低酸度酒精阳性乳的产生。春季、盛夏期、初冬气温变化剧烈较易发生，卫生管理差也易发生，乳牛年龄在6岁以上的易发生。采用日光浴、放

牧、改进换气设施等措施可有一定的改善。

②饲养管理　饲喂腐败的饲料或喂量不足及长期饲喂单一饲料导致维生素量低和过量喂给食盐、挤乳过度而热能供给不足等，均易分泌低酸度酒精阳性乳。

③生理机能　乳牛患乳房炎、内分泌失调、肝机能障碍、软骨病、酮体过剩等均易分泌低酸度酒精阳性乳。

低酸度酒精阳性乳与正常乳的成分差别为：低酸度酒精阳性乳的酸度低，酪蛋白、乳糖等的含量低，而乳清蛋白、钠、氯、钙等含量高，所以低酸度酒精阳性乳的盐类含量不正常且与蛋白质之间不平衡。加工中利用低酸度酒精阳性乳生产消毒乳、乳粉、酸乳等乳制品，其组织状态和风味欠佳，在130℃以上加热时则容易产生凝固，生产乳粉可能影响其溶解度。

（2）高酸度酒精阳性乳

一般酸度在20°T以上的乳酒精试验均为阳性，称为高酸度酒精阳性乳。其产生的原因为挤乳时卫生条件差，挤乳后鲜乳的贮藏温度不适，乳酸菌大量繁殖产酸，使酸度升高。因此要注意挤乳时的卫生管理，并将挤出的鲜乳保存在适宜的温度下，以免微生物的污染繁殖。

（3）冷冻乳

鲜乳由于冬季低温和运输条件的影响，产生冻结，导致乳中部分蛋白质变性，在处理时由于温度和时间的影响，酸度可相应升高，以致产生酒精阳性乳。

2. 低成分乳

指乳的干物质低于11%，含脂率低于2.7%的原料乳。乳的成分受遗传因素和饲养管理左右。优良品种的乳牛，再加上合理的饲料管理、清洁的卫生条件及合理的挤乳、收纳、贮存，则可获得优质、成分含量高的原料乳。

3. 混入杂质乳

是指在乳中混入原来不存在的物质的乳。

（1）偶然混入的杂质：有来源于牛舍环境的昆虫、垫草、饲料、土壤、污水等；有来源于牛体的皮肤、粪便；有来源于挤乳操作过程的头发、金属、纸屑、杀菌剂、洗涤剂等。

（2）人为混入的杂质：主要包括水、中和剂、防腐剂、抗生素和其他成分如异种脂肪、异种蛋白等。

（3）经牛体进入的异物：因预防治疗及促进发育使用抗生素和激素而进入乳中；或因饲料和饮水等使农药进入乳中而造成。

4. 风味异常乳

风味异常乳可以是由于牛乳本身发生的物理化学变化产生的，也可以是由于微生物的原因产生的，同时牛乳非常容易吸收外界的各种气味，因此其滋气味也很容易受外界的影响。例如由于乳脂肪氧化而产生的氧化味；低温菌或酵母菌作用使乳产生苦味；产酸菌作用使乳产生酸败味；加热后产生的蒸煮味及饲料引入的异味等。

三、微生物污染乳

牛乳由于营养丰富，因此非常容易被微生物污染。由于挤乳前后的污染、不及时冷却和器具的洗涤杀菌不完全等原因，使牛乳中的细菌数大幅度增加，以致不能用作加工乳制品的原料，即为微生物污染乳。

四、病理异常乳

1. 乳房炎乳

由于外伤或细菌感染，使乳牛的乳房发炎，此时所分泌的乳就是乳房炎乳。乳房炎乳的成分和性质都发生了变化，其乳糖含量降低，酪蛋白含量下降，维生素 B_1、B_2 含量减少，氯含量增加，体细胞数增多，无脂干物质含量较常乳少。乳房炎乳根据以下指标进行判断：

（1）pH：常乳的pH6.6，若乳的 pH≥6.7，可怀疑为非临床性乳房炎。此时乳房外观无炎症，但牛乳的微生物检测中可见细胞数增多，化学性状发生变化。

（2）氯糖数：$$氯糖数=\frac{氯的百分含量（\%）}{乳糖的百分含量（\%）}\times 100$$

乳房炎乳中乳糖含量下降，氯含量上升，因此可用氯糖数判断。常乳的氯糖数在 2～3 之间，乳房炎乳的氯糖数≥3.5。乳房炎乳的氯、钠含量上升，而钙、磷、钾、铁、锰、钼等减少，此现象可辅助判断。

(3) 酪蛋白指数：$\text{酪蛋白指数}=\dfrac{\text{酪蛋白氮含量（\%）}}{\text{总氮含量（\%）}}\times 100$

由于乳房炎乳中酪蛋白含量下降，其酪蛋白指数≤78。乳清蛋白变化比酪蛋白显著，如急性乳房炎乳中免疫球蛋白显著增加，可作为检查乳房炎乳的依据。

(4) 细胞数：检查乳房炎乳的标准方法是直接用镜检法来测定细胞总数或体细胞数。体细胞数或总细胞数包括白血球、淋巴细胞、上皮细胞，测定方法与测定总菌数相同。1ml 牛乳中白血球在 10 万以上，则认为是乳房炎。

2. 其他病牛乳

主要有患口蹄疫、布氏杆菌病等的乳牛所产的乳，乳的质量变化大致与乳房炎乳相似。

第三节　乳及乳制品的加工分类

采用牛乳为主要原料，可生产大量乳制品。根据加工方式不同，可进行以下分类，如表 1—4 所示。

表 1—4　以乳为主要原料加工的乳制品

加工过程	初级产品	深加工产品
灭菌	液体纯牛乳	各种口味的乳饮料
发酵	发酵乳	各种口味的发酵酸乳、发酵乳饮料
离心	稀奶油 脱脂乳	奶油：无水奶油、各种口味或脂肪含量的稀奶油
浓缩		浓缩乳、甜炼乳
干燥	乳粉	各种口味的配方乳粉、功能性乳粉

续表

加工过程	初级产品	深加工产品
凝乳	干酪	各种口味的干酪、重制干酪、干酪酱等
	酪蛋白	各种功能性的蛋白等
	乳清	乳清粉（脱盐）、乳清蛋白（水解物）等
冷冻	冰激凌	各种口味、配方的冰激凌

第四节　乳及乳制品中的微生物

一、乳中微生物的来源

1. 来源于乳房内的污染

一般健康乳牛的乳房内，都会有一些细菌存在，但为数极少，以小球菌属和链球菌属最为常见。乳房中的细菌主要存在于乳头管及其分支处，乳腺组织内基本无菌或含有少量细菌。乳头前端因容易被外界细菌侵入，且侵入的细菌会在乳管中形成菌块栓塞，所以在最先挤出的少量乳液中，会含有较多的细菌，随后挤出的乳中细菌逐渐减少，因此在挤乳时，要求废弃最先挤出的少量乳液。

2. 来源于牛体的污染

牛舍中的垫草、尘土以及乳牛本身的排泄物中含有大量的细菌，易附着在乳房周围，挤乳时侵入牛乳中，是鲜乳微生物污染的主要来源。所以在挤乳时，应用温水严格清洗乳房和腹部，并用清洁的毛巾擦干。注意水的清洁度和清洗工具的更换，否则易造成乳牛间的交叉污染和感染。

3. 来源于空气的污染

挤乳和收乳时，鲜乳常会暴露于空气中，微生物污染的机会就增多。牛舍中的空气含有大量的灰尘、带芽孢的杆菌、球菌及霉菌的孢子，就会侵入鲜乳中。特别是牛舍中常有牛粪等排泄物的堆放，招致苍蝇蚊虫的聚集繁殖，极易形成传染病的传染媒介。因此对于牛舍环境和周边环境进行清洁整理，提高空气的洁净度，并在挤乳时应采用机械化挤乳、管道封闭运输，以减少污染机会。

4. 来源于挤乳用具和乳桶的污染

挤乳机、乳桶、过滤布、清洗乳房用布、管道等，如果不事先清洗杀菌，会成为鲜乳的细菌污染源，造成新的污染，所以应定时清洗消毒。

5. 其他污染来源

饲养人员、挤乳人员或其他管理人员也会将微生物带入鲜乳中，如工作服不整洁，工人的手未经严格的清洗和消毒，工作人员患有呼吸道或肠胃传染病等，都可能对鲜乳造成污染，因此保持工作人员的个人卫生、健康以及严格按照卫生操作规范进行操作是十分重要的。

另外，乳液挤出后，新鲜的牛乳如果没有得到及时的过滤或冷藏，那么乳液中的微生物就会增殖。当气温在30℃以上时，乳的变质非常迅速，尤其是在无冷藏条件的运输过程中，乳液的不断震荡会加速微生物的繁殖。因此，挤出的鲜乳要尽快过滤并冷却到10℃以下，并尽快进行加工和冷藏。

在现代化的乳品厂中，牛乳的加工系统基本为自动化装置，从牛乳进入加工系统后至加工完毕成为成品的整个过程中都不与外界接触，因此容器与设备的杀菌完全与否是有效保证乳品卫生质量的根本。

二、乳中微生物的种类及性质

牛乳中存在的微生物主要有细菌、霉菌和酵母菌。

（一）细菌

1. 乳酸菌属

即可利用乳糖产生乳酸的细菌。在发酵过程中只产生乳酸，称为同型发酵；有些菌不仅产生乳酸，同时还能产生一些其他发酵产物，如醋酸、乙醇、二氧化碳和氢等，称为异型发酵。乳酸菌主要分为杆菌和球菌。

（1）杆菌

①保加利亚乳杆菌　细胞呈长杆状，两端细而长，单个或短链状排列，无鞭毛、无芽孢，大小为0.8～1μm×2～20μm，革兰氏阳性，菌落平坦，黄白色。最适生长温度40℃～45℃，53℃以上、20℃以下不能发育。可发酵葡萄糖、半乳糖、乳糖，不能发酵蔗糖、麦芽糖，可产黏性物质使牛乳或奶油黏稠，可用于发酵乳制品的生产。

②嗜酸乳杆菌　菌体呈杆状，圆端，单个，成对或短链状排列，大小为0.6～0 .9μm×1.5～6μm，菌落粗糙，呈分枝状。最适生长温度35℃～38℃，50℃以上、15℃以下不能发育。可使半乳糖、乳糖、左旋糖、麦芽糖、甘露糖等发酵产酸，可用于制造酸乳。

③嗜热乳杆菌　细胞呈杆状，革兰氏阳性，最适生长温度50℃～63℃，30℃以下不能发育，能耐热至71℃30min、82℃25min，灭菌乳中常存此菌。

④干酪乳杆菌　呈短或长的杆状，菌端平直，不运动，菌落光滑菱形或凸镜形，白色或淡黄色，大小为0.8μm×2～4μm，革兰氏阳性。可分解酪蛋白，用于制造干酪和乳酸。

⑤瑞士乳杆菌　菌体杆状，单个或链状，大小为0.6～1μm×2～6μm，在琼脂平板上，菌落直径为2～3mm，不透明，白色或淡灰色，粗糙，在厌氧和5%的CO_2环境中生长更好。

⑥胚芽乳杆菌　呈短或长的杆状，圆端，单个，成对或短链状，能运动，大小为0.9～1.2μm×3～8μm，菌落圆形、光滑、凸起、坚实、白色或浅黄色，最适生长温度30℃～35℃，45℃以上、15℃以下不能生长。

（2）球菌

①乳酸链球菌　细胞呈球形，对生或短链状，革兰氏阳性。菌落小，发白，光滑，有光泽，圆形或椭圆形，大小1～2mm，最适生长温度30℃～35℃，在10℃～40℃范围都能产酸，能分解葡萄糖、果糖、乳糖、半乳糖和麦芽糖，产乳酸和其他有机酸，某些菌株可产生乳酸链

球菌素，抑制其他细菌的繁殖。

②嗜热链球菌　细胞呈球形或卵圆形，对生或短链状，极易发酵蔗糖和乳糖，最适生长温度 40℃～45℃，53℃以上、20℃以下不能发育，72℃死亡，用于制造干酪和酸乳。

③乳酪链球菌　细胞呈球形，成对或长链，菌落小，发白，光滑，有光泽，圆形或椭圆形，革兰氏阴性，最适生长温度 30℃，高于 40℃不能生长，此菌不仅能分解乳糖产酸，且具有较强的蛋白质分解能力。

④丁二酮乳链球菌

能发酵柠檬酸，产生 CO_2、羟丁酮和丁二酮，丁二酮具有特殊的芳香气味，使乳制品具有特殊风味。此菌在形成丁二酮（有芳香气味）的过程中，必须在 pH4.3～4.8 的条件下（用柠檬酸调节），同时，还必须有氧气的存在。

（3）明串珠菌属

可利用碳水化合物产生乳酸、挥发性酸（如醋酸）及 CO_2，可将柠檬酸发酵成丁二酮，可用于制造发酵乳制品，主要有：

①戊糖明串珠菌　菌体呈球形或扁豆状，成对或短链存在，大小 0.5～0.7μm，能发酵葡萄糖和乳糖、蔗糖，生长温度范围 10℃～37℃，最适生长温度 20℃～30℃。

②柠檬明串珠菌　菌体呈球形或扁豆状，直径 0.8～1.2μm，呈长链状，可分解柠檬酸，形成醋酸、丙酮酸和 CO_2，生长温度范围10℃～30℃，最适生长温度 18℃～25℃。

2. 产气菌

（1）丙酸菌属

为革兰氏阳性短杆菌，可将乳糖或其他碳水化合物分解为丙酸、醋酸和 CO_2，可使乳制品具有气孔和特殊风味。最常见的有费氏丙酸杆菌和谢氏丙酸杆菌。

（2）产气杆菌属

为革兰氏阴性菌，单个或成对短杆菌，最适生长温度 30℃。能在低温下增殖，是牛乳在低温储藏下发生酸败的主要细菌。

3. 肠道杆菌

(1) 埃希氏菌属

为肠杆菌科的模式属，为两端钝圆、散在或成对排列，大多数周身鞭毛运动的革兰氏阴性无芽孢杆菌。此菌常被作为粪便直接或间接污染的指示菌，是用以衡量产品是否污染肠道菌和生产卫生条件好坏的指标之一。最适生长温度30℃～37℃，60℃加热30min死亡。能发酵糖产生酸及CO_2和H_2并给乳带来不愉快气味。在正常条件下，大多数大肠杆菌是不致病的，只有在特定条件下或一些少数的病原性大肠杆菌致病。例如肠毒素性大肠杆菌通过黏附性菌毛和肠毒素引起人和幼畜的腹泻。

(2) 大肠菌群

指一群需氧或兼性厌氧，在37℃、24h发酵乳糖产酸产气，不形成芽孢的革兰氏阴性短杆菌，包括埃希氏菌属、柠檬酸菌属、肠杆菌属、变形杆菌属等。大肠菌群是许多食品以及饮用水的重要卫生指示菌群。

(3) 沙门氏菌属

革兰氏阴性杆菌，无芽孢，无荚膜，大多数有动力，周生鞭毛。发酵葡萄糖产酸产气，产生H_2S。在含有氰化钾的培养基上不生长，在普通培养基上形成中等大小、无色半透明、表面光滑的菌落，菌落边缘整齐或呈锯齿形。不分解乳糖，在肠道鉴别培养基上形成无色菌落。对热抵抗力不强，60℃加热15min死亡。具有较强的内毒素，某些沙门氏菌能产生肠毒素，均能使人致病。

(4) 志贺氏菌属

统称痢疾杆菌，是人类细菌性痢疾的致病菌。其形态为短杆状，革兰氏阴性杆菌，无芽孢，无荚膜，无鞭毛，不运动，有菌毛。发酵葡萄糖产酸不产气，不产生H_2S。在普通培养基上形成中等大小、半透明的光滑型菌落。大多数不分解乳糖，在肠道鉴别培养基上形成无色菌落。最适生长温度37℃，最适pH6.4～7.8。由于菌毛的作用，具有很强的侵袭力，且具有强烈的内毒素，进入人体内后引起痢疾。

4. 芽孢杆菌属

芽孢杆菌因能形成芽孢，所以耐热，杀菌后易残留，分为好气性芽孢杆菌和厌气性梭状芽孢杆菌。

(1) 好气性芽孢杆菌

在自然界分布广，主要有枯草芽孢杆菌、巨大芽孢杆菌、蜡样芽孢杆菌、短芽孢杆菌、凝结芽孢杆菌、环状芽孢杆菌及炭疽杆菌等。

①枯草芽孢杆菌　最适生长温度24℃～40℃，在55℃也能发育，这类菌的许多菌种能产生两种酶：凝乳酶和蛋白酶，能分解乳中的蛋白质并使乳凝固。芽孢的菌体对热和干燥具有较强的抵抗力，此类菌广泛存在于牛舍和饲料中。

②蜡样芽孢杆菌　为需氧菌，但也能厌氧生长，生长温度范围10℃～45℃。能引起食物中毒，表现为恶心呕吐、胃肠痉挛或痢疾。

③炭疽杆菌　为食草动物炭疽病的病原体，人的炭疽病的流行通常在牛病爆发后发生，死亡率高。

(2) 厌气性梭状芽孢杆菌

有酪酸梭状芽孢杆菌、肉毒梭状芽孢杆菌、破伤风菌及腐败梭状芽孢杆菌。酪酸梭状芽孢杆菌，能使糖类发酵产生酪酸和气体，产生刺激性的气味。肉毒梭状芽孢杆菌、破伤风菌及腐败梭状芽孢杆菌的污染，则会造成严重的危害。如肉毒梭状芽孢杆菌的繁殖将产生毒性大且耐热的毒素，导致人的死亡。

5. 球菌类

(1) 葡萄球菌属

最常见的化脓性球菌之一，80%以上的化脓性疾病由此菌引起。葡萄球菌菌体球形，常集结成葡萄状排列，革兰氏阳性球菌，无芽孢和鞭毛，一般不形成荚膜。在普通培养基上生长良好，形成圆形、凸起、表面光滑、湿润、不透明菌落，需氧或兼性厌氧，最适生长温度37℃，最适pH7.4。在氯化钠肉汤培养基中呈浑浊生长。在血琼脂平板上多数致病性葡萄球菌可产生溶血环，非致病性葡萄球菌无溶血环。

葡萄球菌属属于微球菌科，根据生化形状和色素不同，可分为金黄色葡萄球菌、表皮葡萄球菌、腐生性葡萄球菌三种。金黄色葡萄球菌绝大多数情况下产生金黄色色素；表皮葡萄球菌多数情况下产生白色色素，有时也产柠檬色色素；腐生性葡萄球菌绝大多数情况下产生柠檬色色素，少数情况产生紫色色素。金黄色葡萄球菌多为致病性菌；表皮葡萄球菌偶尔致病；腐生性葡萄球菌一般为非致病菌。

金黄色葡萄球菌，革兰氏阳性，能发酵糖产酸，不产气，产生金黄色色素。最适生长温度 30℃～37℃，最适 pH7.4，在 10℃～45℃、pH4.5～10 的范围内都可生长。

（2）链球菌属

是化脓性球菌另一大类常见细菌，分为致病性和非致病性两类。例如，化脓性链球菌能引起人和一些动物的化脓性疾病，也是乳牛乳房炎的重要病原菌。其形态为：革兰氏阳性，呈球形或卵圆形，成对或链状排列，无芽孢和鞭毛，不运动，在幼龄培养时可见荚膜。对营养要求较高，在普通培养基上生长不好，需氧或兼性厌氧，最适生长温度为 37℃，pH7.4～7.6，最高生长温度 45℃，最低生长温度 10℃。在血清底形成絮状沉淀；在血琼脂平板上形成灰白色微小菌落。

6. 假单胞菌属

是由一些直杆状或稍弯曲的革兰氏阴性杆菌组成，该属细菌在自然界中广泛存在，能产生各种荧光色素，能使葡萄糖发酵，能分解蛋白质，使乳胨化、碱化（产生氨或胺），并使乳带有黏性。有些菌如荧光假单胞菌，还能分解脂肪，使乳产生哈喇味。此外这类菌增长速度快，在低温条件下也能良好生长，且对大部分防腐剂有抵抗力，常常成为牛乳低温冷藏腐败的原因。

7. 放线菌属

是形成分枝状菌系，并依靠细胞分裂、分裂孢子或分生孢子进行增殖的菌群，革兰氏阳性菌。放线菌属中与乳品有关的主要有牛放线菌和化脓放线菌，主要生长在牛的口腔黏膜、舌、咽、颈部皮肤和乳房，最适生长温度为 36℃。放线菌对干燥、高温、低温的抵抗力很弱，80℃ 5min 即死亡。

（二）酵母菌

酵母菌是一群以单细胞为主、以芽殖为主要繁殖方式的真菌，它在乳品加工及卫生管理上很重要。

一方面，在发酵变酸的乳制品中添加果汁和果酱等物质，非常适宜酵母菌繁殖而引起乳制品的变质。例如毕赤氏酵母能使低浓度的酒精饮料表面形成干燥的皮膜，有产膜酵母之称，主要存在于发酵乳油和酸乳中。汉孙氏酵母，多存在于干酪及乳房炎乳中。

另一方面，酵母菌还被用于一些乳制品的加工制作过程中。较常用的酵母菌有壁脆酵母、假丝酵母。其中壁脆酵母和假丝酵母可使乳糖发酵而用于制造发酵乳制品，如壁脆酵母能发酵乳糖形成酒精和二氧化碳，生产乳酒和乳清酒。假丝酵母的氧化分解能力强，能使乳酸分解形成二氧化碳和水，可用于开菲乳和酒精发酵。

（三）霉菌

乳及其乳制品中主要的霉菌有青霉属、曲霉属、根霉属、毛霉属等，大多数是有害真菌。

1. 青霉属

此类菌的营养菌丝体为无色、淡色或具鲜明的颜色，成熟后呈不同的颜色如青色、灰绿色、黄褐色。如灰绿青霉，菌丝初呈白色而直立，后变为青色或绿色，能分解脂肪并产生不快的霉味，容易在干酪上增殖。沙门柏干酪青霉，菌丛呈白色或灰绿色，常接种于新鲜的干酪表面，成熟后，能增加干酪的水溶性氮和氨，使成品产生特殊的风味，是制造卡门塔尔干酪的重要菌。

2. 曲霉属

曲霉的菌丝体通常是无色的，成熟后渐变为浅黄色至褐色，如黑曲霉菌丛为黑褐色或褐紫色，污染后表面食品变黑以致变质。米曲霉菌丛呈黄绿色或绿色，具有很强的蛋白分解力，可用于制造特殊的干酪。

3. 毛霉属

毛霉在培养基表面呈毛状生长，菌丝体呈分枝状，以灰色居多。根霉，类似毛霉，初生时状似棉花，继而生孢子囊，呈暗色。在制品表面生长时，往往残留斑点。

（四）噬菌体

噬菌体是细菌病毒，是浸染细菌细胞的病毒总称。它可以通过空气过滤器、细菌滤器，故也称滤过性病毒。目前发现的有大肠杆菌、乳酸菌、沙门氏杆菌、霍乱菌、葡萄球菌、结核菌、放线菌等多数细菌的噬菌体。就乳制品加工生产而言，最具重要意义的是乳酸菌噬菌体。乳酸菌噬菌体一般是在接种发酵剂后或发酵培养过程中感染的，可导致发酵失败，从而造成重大经济损失。

三、鲜乳在存放过程中微生物的变化

（一）牛乳在室温贮藏时微生物的变化

新鲜牛乳在杀菌前都有一定数量的、不同种类的微生物存在，如果牛乳在室温贮藏时，微生物的种类和数量都会不断变化而逐渐使乳液变质，这种变化有一定的规律性，分为五个阶段：

1. 抑制期

新鲜乳液中含有多种抗菌物质，对乳中存在的微生物具有杀菌和抑制作用。在含菌少的鲜乳中，其作用可持续 36h（在 13℃～14℃的温度下）；若在污染严重的乳液中，其作用可持续 18h 左右。在这期间，乳中细菌数不但不会增高，反而降低。抑制期的长短与抗菌物质的含量有关，与乳的贮藏温度及微生物的污染程度有关，乳中抗菌物质含量多、原始污染菌数少，抑制期持续时间越长；若乳温升高，抗菌物质的杀菌或抑菌作用增强，则持续时间缩短。

2. 乳链球菌期

抗菌期后，由于乳中抗菌物质减少或消失，乳中存在的微生物迅速繁殖，可明显看到细菌的繁殖占绝对优势。这些细菌主要是乳链球菌、乳酸杆菌、大肠杆菌和一些蛋白分解菌，特别是乳链球菌生长非常旺盛。乳链球菌将乳糖分解产生乳酸，使乳的酸度不断升高，大肠杆菌的繁殖还会有产气现象。由于乳的酸度的升高，抑制了其他腐败菌的繁殖，当酸度接近 pH=4.5 时，乳链球菌本身生长受到抑制不再继续繁殖，相反会逐渐减少，此时有乳的凝块产生。

3. 乳酸杆菌期

当乳链球菌在乳液中繁殖，乳液的 pH 值下降到 6 左右时，乳酸杆菌的活力逐渐增强，当 pH 下降到 4.5 以下时，乳酸杆菌由于较耐酸，仍能继续产酸。此阶段乳液中有大量的凝块产生，并有大量的乳清析出。

4. 真菌期

当下降到 pH3.0～3.5 时，绝大多数微生物被抑制甚至死亡，但少量的耐酸的能利用乳酸等有机酸的霉菌和酵母菌可生长，由于酸被利用，乳的酸度逐渐降低，乳的 pH 不断上升，接近中性。

5. 胨化菌期

由于酸被中和，而且乳中的乳糖被大量消耗，残余较少，但蛋白质、脂肪含量较多，适宜分解蛋白质和脂肪的菌的生长繁殖，这样乳凝块被消化（液化），乳的 pH 逐步升高，并伴有有毒物质和腐败气味产生，使乳不能食用。

（二）牛乳在冷藏中微生物的变化

鲜乳不经消毒即冷藏保存的话，适宜于室温下繁殖的微生物，在低温下被抑制；而属于低温类的微生物却能够增殖，但生长速度非常缓慢。低温中，牛乳中较为多见的细菌有假单孢菌属、产碱杆菌属、无色杆菌属、黄杆菌属、小球菌属等。

冷藏乳的变质主要是乳脂肪的分解和蛋白质的胨化。假单孢菌属中的细菌可产生脂肪酶，他们在低温下活性非常强，并具有耐热性，造成乳脂肪的分解。同时产碱杆菌属和假单孢菌属中的许多细菌，也可分泌蛋白酶使乳液中的蛋白质分解，产生胨化。

第二章 乳制品加工常用设备

第一节 计量设备

收奶是乳品生产流程中的最初的一个工段，也是保证产品质量的关键工段。收奶时对发送来的原料乳进行计量和记录。奶槽车中所载奶量可采用地磅过秤，也可以采用流量计进行计量。

一、流量计

流量计是用来计量所收集的牛乳的体积，计量单位为立方米或升。流量计一般有机械流量计和电子流量计两种，如图 2－1 所示，能在仪表上显示通过的牛乳的体积。老式流量计一般都为机械流量计。电子流量计带有一个微机处理系统，通过电导率液体不同体积流经并切割磁场而精密计量。流量计具有卫生、易清洗、可批量控制、自动零点校正、温度补偿等功能。

图 2－1 机械流量计和电子流量计

通常乳槽车上装有一个流量计和一台泵，以便自动记录收乳的数量。牛乳流量计系统的生产方式如图 2－2 所示。奶槽车到厂后，由软管与槽车出奶口连接。软管另一端接通计量系统的脱气罐入口。牛乳从圆筒上部按切线方向进入罐内，利用离心力的作用，排出牛乳中的空气，以免流量计产生计量误差。牛乳从脱气罐锥底排出，由地泵泵至流量计进口，连续不断地进行计量。

二、磅秤

收奶计量的磅秤有奶秤、地秤和称量罐三种。

1. 奶秤

当用奶桶运奶或收奶量较少时，多使用奶秤计量，如图 2－2 所示。奶秤的上部为计量秤盘，立式，计量可为 0～250 公斤或 0～500 公斤。下部为卧式不锈钢开口称量槽，槽底一端开孔，对准下面的受乳槽，装有孔塞。过完秤并记好重量后，拉开孔塞，牛乳流入受乳槽中。

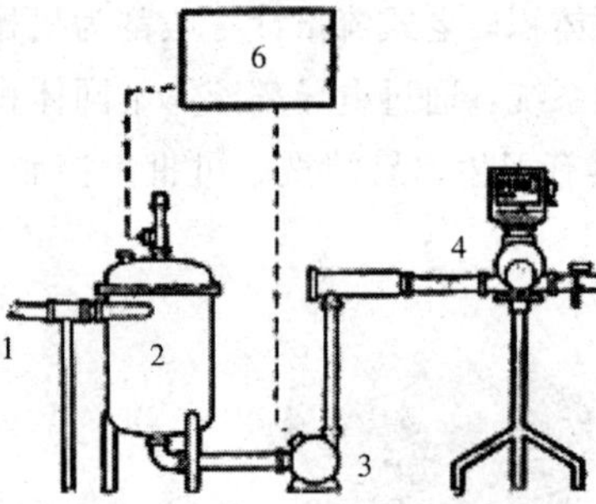

图 2—2　收奶计量系统

1. 进奶软管　2. 脱气装置　3. 奶泵　4. 流量计　5. 送往贮奶罐　6. 控制盘

2. 地磅

装奶桶或奶槽的汽车到厂后，先经地磅计量。待牛乳卸完后，再经地磅计量，二者之差即为收奶的重量。如图 2—3 所示。

图 2—3 奶槽车在地磅上称重

1. 奶槽车 2. 承重平台 3. 地磅

3. 称量罐

称量罐专用于称量，如图 2—4 所示。在罐的支脚上装有反应负重变化的电子机构，后者发出电信号，反应称量罐的重量。把牛乳打入称量罐后，发出新的较强信号，便知道牛乳的重量，然后将称量过的牛乳打入贮奶罐冷藏。

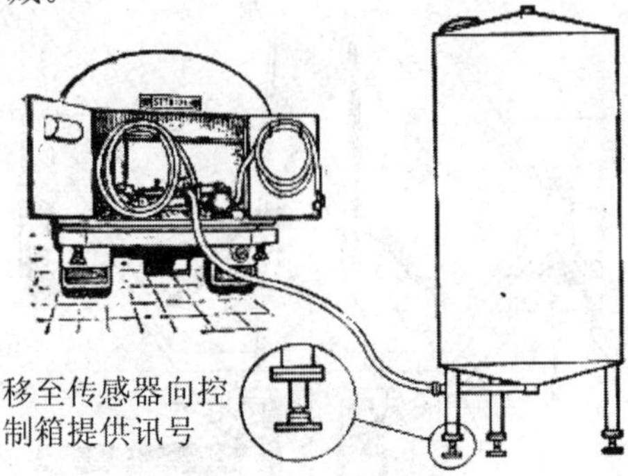

图 2—4 称量罐

第二节 净乳机

净乳是除去乳中存在的各种杂质，如在采集牛乳过程中进入牛乳中的上皮细胞、尘埃、饲料屑等物质，并经过净乳减少杂菌总数而提高杀菌效率。净乳通常采用离心净乳机进行净乳。离心净乳机主要借助净乳机高速旋转所产生的离心力，把牛乳中比重大的杂质甩向净乳机分离钵的侧壁，而达到净乳的目的。通常净乳在低温状态或预热状态下进行。在一般情况下，如果净化低温牛乳，可连续运转 8h；净化高温牛乳（57℃），则仅可连续运转 4h。

离心净乳机和牛乳分离机的工作原理相同，但构造上有所不同，如图 2—5 所示。净乳机的碟片上不开小孔，碟片间的距离大，沉渣体积也大。离心净乳机的旋转钵体由固定钵、活动钵、分离盘、活动环等组成。旋转钵安装于主轴，钵下装有工作液进入的套管（分内外两个通道），旋转钵内装有固定柱、碟片。牛乳进入旋转钵后，依靠高速旋转的离心力，使沉渣等杂物积存于旋转钵的边缘，净化后的牛乳自上部排出。固定钵与活动钵之间放有聚四氟乙烯密封环，由于密封环与活动钵突出部分接触以达到密封效果。工作液套管是工作液（采用自来水）进入的管道，当净乳机工作时，水从外套管进入分离室上、下通道继续上

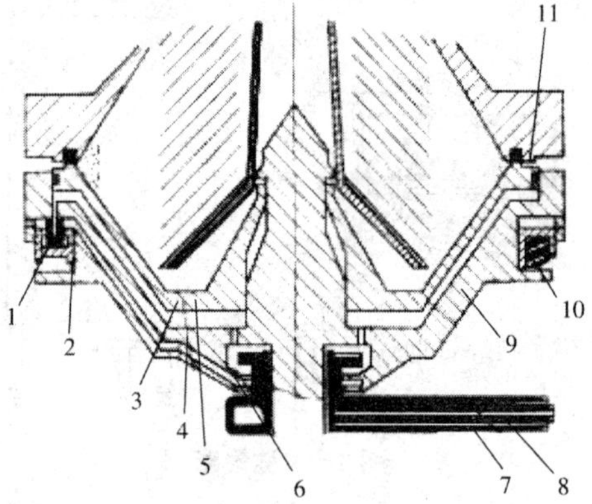

图 2—5　牛乳净化机旋转体部分结构示意图

1. 工作液阀　2. 活动环　3. 上通道　4. 下通道　5、9. 活动钵
6. 分离盘　7. 外套管　8. 内套管　10. 弹簧　11. 排渣口

升到活动环上部。在排渣期间，活动环被弹簧顶上，活动环的一边镶有工作液阀片，当进入的工作液迫使活动环克服弹簧压力下降时，工作液阀打开，活动环下部的工作液压力由于工作液排出而减弱，使活动钵下降，排渣开始。

目前所使用的净乳机均配置有自动排渣装置，可将积累杂物定时自动排出，即沉积物按预定的时间间隔自动排除，通常30～60min进行一次。排渣容量和排渣时间依据净乳机的生产能力不同而有所不同。从分离钵中排出的沉渣进入环形的接收器，残渣在其中和环形排渣狭槽以相同的角速度运行，从而把固体物由一个排除管带到吸收残渣的旋风分离器，然后该沉渣靠重力落入待处理的收集罐中。

第三节 均质机

均质是乳品生产中重要的加工过程。所谓均质处理就是将乳通过均质机，在强大压力作用下破碎脂肪球，使脂肪球变细且均匀分布在牛乳中。均质处理可以防止脂肪上浮分离，提高乳制品的稳定性，改善质地，提高牛乳的消化、吸收程度，对脂肪球、蛋白质和乳的理化特性都有影响。它是一种使脂肪乳浊液稳定，防止重力分离的方法。

一、均质机的工作原理

均质机是利用柱塞泵将牛乳压入有备压的均质阀，牛乳在高速通过间歇微小的均质阀时粒子受到了强大的碰撞、剪切和高压空穴作用力，乳脂肪球和其他粒子被粉碎成很小的颗粒，如图2—6、图2—7所示，因此牛乳或者是被加工的液体得到了很好的均匀化。通常牛乳的均质温度为55℃～75℃，均质压力在10～30MPa。

均质机主要由泵体、均质阀、电动机、传动装置与机架几部分组成。其中，均质泵一般有5至7个活塞，多个活塞连续运行以确保产生平稳的推动压。泵的滑轮采用不锈钢材料制成，有些部件也可为陶类材料。目前常用的有球形阀、提升阀和菇形阀三种类型。

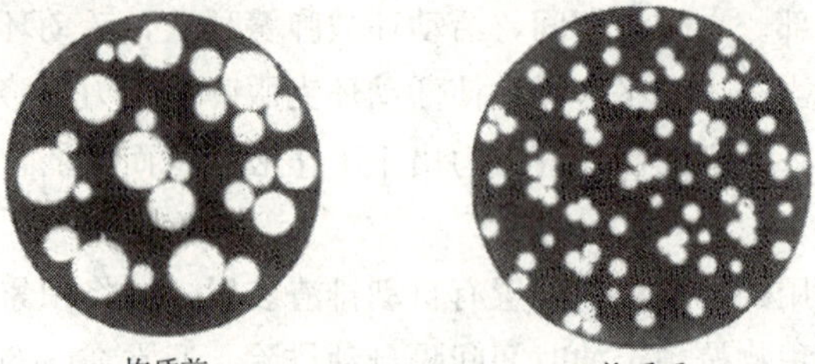

图 2—6　脂肪球破碎前后对照示意图

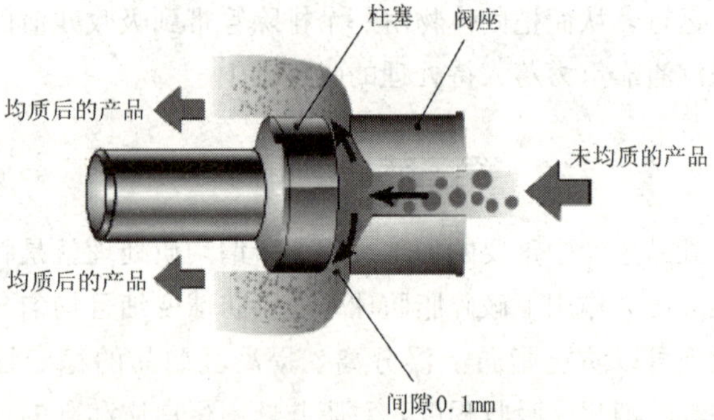

图 2—7　脂肪球在均质机中的状态示意图

二、均质设备的类型

均质设备可根据使用的能量类型和均质机构的特点分为旋转式和压力式两大类。

1. 旋转式均质设备

这类均质设备由转子或转子—定子系统构成，直接将机械动能传递给受处理的介质。胶体磨是典型的旋转式均质设备，搅拌机、乳化磨也属于这类设备。

2. 压力式均质设备

这类均质设备首先使液体介质获得高压能，液体的高压能在机内转化为动能。常见的有高压均质机和超声波乳化器等。引入的能量类型很重要，因为能量的转变必须在高能量密度和小空间范围内实现。

第四节 脱气设备

牛乳刚刚被挤出后约含有5.5%～7%的气体；经过贮存、运输和收购后，一般其气体含量在10%以上，而且绝大多数为非结合和分散气体。这些气体对牛乳加工的破坏作用主要有：

①影响牛乳计量的准确度；

②使巴氏杀菌机中结垢增加；

③影响分离和分离效果；

④影响牛乳标准化的准确度；

⑤影响乳油的产量；

⑥促使脂肪球聚合；

⑦促使游离脂肪吸附于乳油包装的内壁；

⑧促使发酵乳中的乳清析出。

所以，在牛乳处理的不同阶段进行脱气是非常必要的。首先，要在乳槽车上安装脱气设备，以避免泵送牛乳时影响流量计的准确度。其次，在乳品厂收乳间的流量计之前安装脱气设备。但是上述两种方法对乳中细小的分散气泡是不起作用的，因此在进一步处理牛乳的过程中，还应使用真空脱气罐，如图2－8所示，以除去牛乳中细小的分散气泡和溶解氧。

图2－8 真空脱气罐

真空脱气罐的牛乳处理工艺流程为：将牛乳预热至68℃后，泵入真空脱气罐，则牛乳温度立刻降到60℃，这时牛乳中的空气和部分牛乳蒸发到罐顶部，遇到罐冷凝器后，蒸发的牛乳冷凝回到罐底部，而空气及一些非冷凝气体（异味）则由真空泵析出去。真空脱气设备通常与巴氏杀菌设备连接使用。

生产中常用的还有一种脱气设备是伞状脱气机，也可用于配料后的脱气。原料乳从脱气机顶部经伞状喷头喷入，物料沿壁向下流，形成薄膜，同时脱气机内因真空泵作用形成一定量的真空度，使空气和其他非冷凝气体（异味）通过真空泵被抽出，最后牛乳失去速度因重力原因下落至脱气机罐底，然后通过出料泵被送出。经脱气后的原料乳，在高温杀菌时不易因存在的空气而结焦，还可起到去除异味和延长杀菌器工作时间的作用。

第五节　配料设备

配料主要是将物料混合、溶化和充分均匀化，有的物料还需要进行加热处理。配料过程主要是通过配料设备进行。配料设备一般由混料罐和混料机组成。混料机包含混合器、循环泵和真空泵。真空泵将添加剂泵入混料容器，使添加剂在热水的溶解作用和混合器的机械作用下充分混合。循环泵能实现与混料罐之间的生产循环。

生产中常使用的配料设备有如下几种：

1. 高剪切配料罐

这种设备采用高剪切乳化机作为配料动力，特别适用于大颗粒粉料的粉碎，油脂类物料的乳化及混合搅拌，也可用于较高黏度的各种添加剂的加入。一般经搅拌十分钟左右，即能达到混合乳化的效果。然后即可将液料送至配料罐中混合，如图 2—9 所示。

2. 套管式高速水粉混合机

该设备适用于可溶性固态物与液态物的混合与溶解。如：乳粉还原、可可粉或糖溶入牛乳、溶解乳清、稳定剂和牛乳混合、维生素和矿物质的添加等，如图 2—10 所示。

图 2—9　高速剪切配料罐

图 2—10　水粉混合机

3. 高效混合机

该设备采用特殊的高效混合叶轮，产生极大的混合能力。方形结构的罐体，有利于混合的效果。适用于需进行大批量配料的场合和再制乳及各种花色乳的配制，如图 2—11 所示。

图 2—11　高效混合机

4. 高负压配料系统

这是一种比较先进的配料系统，适用于一些大中型乳品、饮料生产厂的配料工序，如有批量配料要求的再制乳、酸乳、花色乳及其他液态食品的生产。系统的混料缸工作时呈负压状态，能将需添加的固态粉料，通过管道从粉仓自行吸入混料缸；也能有效去除混料过程中由于各种原因产生的气体，从而减少泡沫形成，有利于后续工艺的加工。

第六节　杀菌设备

一、巴氏杀菌设备

巴氏杀菌的目的是杀死能够引起人类疾病的微生物和尽可能多地破

坏这些微生物的代谢产物和酶类系统，以保证产品质量。巴氏杀菌的条件为 62.8℃～65.6℃/30min。巴氏杀菌牛乳应不含任何致病微生物。

巴氏杀菌设备最常用的热交换器主要有三种：板式热交换器、管式热交换器和刮板式热交换器。

1. 板式热交换器

板式热交换器是由夹在框架中的一组不锈钢板组成。该框架可以包括几个独立的板组、区段和不同的处理阶段，如预热、杀菌、冷却等均可以在此进行。根据产品要求的出口温度，热介质是热水，冷介质可以是冷水、冰水或丙基乙二醇。板片设计成传热效果最好的瓦楞形，板组牢固地压紧在框中，瓦楞板上的支撑点保持各板分开，以便在板片之间形成细小的通道。液体通过板片一角的孔进出通道，改变孔的开闭，可以使液体从一通道按规定的线路进入另一通道。板周边和孔周边的垫圈形成了通道的边界，以防向外渗漏与内部液流混合。板式热交换器中的液体流动和热传递原理如图 2－12（a）所示。

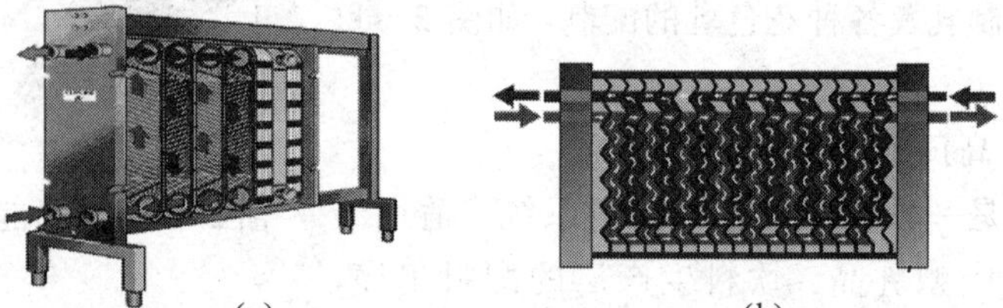

(a)　　(b)

图 2－12　板式换热器中液体流动和热传递原理

（1）板式热交换器的特点

①传热效率高

由于板与板之间的空隙小，换热流体在其中通过时可获得较高流速，且传热板上压有一定形状的凹凸沟纹，流体通过时形成急剧的湍流现象，从而获得较高的传热系数，一般传热系数可以达到 3500～4000W/（m^2·K）。

②结构紧凑，设备占地面积小

板式换热器最突出的优点之一，是在较小的结构体积内可容纳较多的传热面积。如以充填系数计算，每1立方米体积内可容纳200余平方米的传热面积，是其他任何形式的热交换器所不及的。

③较大的适应性

根据工艺条件计算，增减传热板的片数或改变板的排列和组合，即可满足多种不同生产工艺的要求，并可配置自动化仪表进行工艺条件的自动控制。

④适宜处理热敏感物料

由于板和板之间的空隙小，产品以高速薄层通过时，受热时间短，不致有过热现象产生，对热敏感性物料如牛乳、果汁等食品的预热、杀菌尤为适宜。

⑤操作安全卫生

在完全密闭的情况下操作，在结构组合上可以保证两种流体不相混合，如一旦发生泄漏也只是向外泄出，易于发现，板式换热器拆装容易，即便拆开清洗，也可实现“CIP”清洗。

⑥热量利用充分，节约热能

加热和冷却可组合在一套板式换热器内，受热后的流体可对刚进入的流体进行预热，同时自身被冷却，从而节约能源。

2. 管式热交换器

在某些情况下，管式热交换器也用于乳制品的巴氏杀菌/超高温处理。管式热交换器，不同于板式热交换器，它在产品通道上没有接触点，这样它就可以处理含有一定颗粒的产品。颗粒的最大直径取决于管子的直径，在UHT处理中，管式热交换器要比板式热交换器运行的时间长。从热传递的观点看，管式热交换器比板式热交换器的传热效率低。

管式热交换器的类型有以下两种：

（1）多个/单个流道

多流道的管式热交换器的传热面包含一系列不同直径的管子。如

图 2—13所示，这些管子同心放置在顶盖两端的轴线上，管子通过 2 个 O 形密封在顶盖上，又通过一个轴线压紧螺栓将其安装成一个两种热交换介质以逆流的方式交替地流过同心管的环形通道。最外侧的通道流过的是所提供的介质。顶盖的两端既是分布器，又是收集器。它将一种介质引入一组通道，又从另一端排出。波纹状构造的管子保证了两种介质的紊流状态，以实现最大的传热效率。可以使用这种类型的管式热交换器直接加热产品/进行产品热回收。单一通道是指在两个同心通道之间密闭了一条环状的产品通道。

图 2—13　多流道管式热交换器

（2）多个/ 单个管道

多管道的管式热交换是基于传统的列管式热交换器的原理，其产品流过一组平行的通道，提供的介质围绕在管子的周围，通过管子和壳体上的螺旋波纹，产生紊流，实现有效的传热。该交换器的传热面是一组平行的波纹管或是光滑管。这些管子焊接在管板的两端，如图 2—14 所示。管板与出口的管壳通过一个双 O 形环密（活动设计）。这种设计可以通过旋开末端的螺栓，将产品管道从管壳中取出，这部分是可拆的，

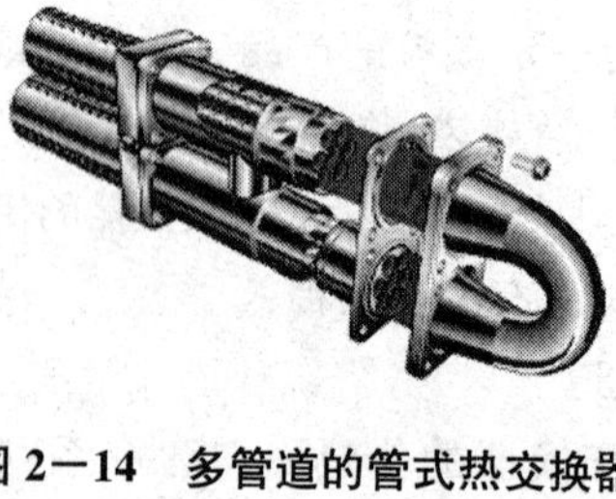

图 2—14　多管道的管式热交换器

以便于检查。活动头设计减缓了热膨胀的影响，而且还可将管壳中的产品管束进行不同的组合，以适应不同的应用场合。单管是指只有一个进口管允许粒径小于 50mm 的颗粒物料通过。多个/ 单个管道非常适用于高压、高温状况下的物料加工。

在某些情况下，管式热交换器也用于液态乳制品（巴氏杀菌/超高温处理）的处理。管式热交换器在产品通道上没有接触点，这样就可以处理一定颗粒的产品。颗粒的最大直径取决于管子的直径。

3. 刮板式热交换器

如待杀菌物料的黏度太大或流动太慢，或者物料在加热器表面容易形成焦化膜，则采用旋转刮板式杀菌设备是比较合适的。

这种杀菌贮备主要是由旋转刮板式热交换器构成，其他辅助设备包括泵、预热器、保温器、控制仪表、阀门和贮槽等。刮板式热交换器如图 2—15 所示，用于加热和冷却黏稠的成块产品或是用于产品的结晶。

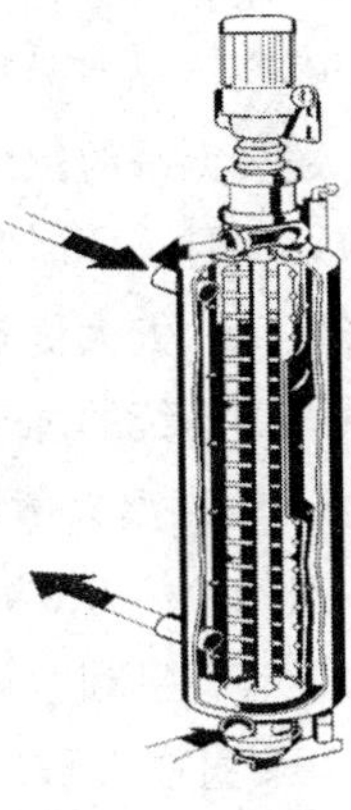

图 2—15　垂直型刮板式热交换器示意图

产品的流量和转筒的转速可以调节，使其适应缸体内产品的特性。在生产结束时，由于是垂直设计，产品可以用水顶出，从而实现产品的回收。然后，彻底排水，进行 CIP 清洁和产品更换。转筒和刮刀是可替换的，由于有自动液压提升装置，使得转筒/刮刀的升高和降低操作成为可能。

在液态乳加工中，用刮板式热交换器可以用于乳油类制品。另外，刮板式热交换器可设计用于无菌加工。根据所要求的加工能力，可以将两个或多个立式刮板式热交换器串联或并联在一起，使其产生更大的传热面积。

二、超高温灭菌设备

超高温灭菌（UHT）就是使料液迅速升温至135℃以上，然后保持几秒钟，从而实现对料液的瞬间灭菌。UHT产品是指物料在连续流动的状态下通过热交换器加热至135℃～150℃，在这温度下保持一定的时间以达到商业无菌水平，然后在无菌状态下灌装于无菌包装容器中的产品。

所谓商业无菌，即：

①不含有危害公共健康的致病菌和毒素；

②不含有任何在产品贮存运输及销售期间能繁殖的微生物；

③在产品有效期内保持质量稳定和良好的商业价值，不变质。

超高温瞬时灭菌技术的灭菌效果特别好，几乎可达到或接近灭菌的要求，而且灭菌时间短，物料中营养物质破坏少，营养成分保存率达92%以上，大大优越于巴氏杀菌和高温灭菌法。超高温处理是一个在密闭系统中连续的加工过程，这可以防止空气中微生物的污染。

1. 超高温灭菌设备的分类

按照换热方式，UHT灭菌设备可分为直接和间接两种，UHT灭菌方法也有直接和间接两种。

(1) 直接UHT灭菌

直接UHT灭菌是将蒸汽喷入牛乳或牛乳喷入蒸汽，将加热介质与产品直接混合，将产品快速加热至灭菌温度，然后在真空条件下蒸发冷却。直接加热的优点是加热快、冷却快，其过程一般不超过2s，更接近于理想加热模式。对乳中化学物质的影响相对较小。

在实际应用中，在产品与蒸汽混合之前要设置间接热回收段。热回收可以通过与冷却后的灭菌产品进行换热，或回收产品蒸汽冷凝时所释放的蒸汽潜热，或利用蒸发冷凝器的冷却水进行预热。一般来说，直接加热系统的均质工序在灭菌后进行。直接加热系统的简单流程如图2—16所示。

牛乳→热回收→水或蒸汽预热→混合器←蒸汽

↖↘　　　　　↓

牛乳去过滤器←热回收←均质←膨胀器→水蒸气去冷凝器

图 2－16 直接加热系统流程图

直接加热系统的缺点是热回收能力差，生产成本高；除此之外，系统中由于闪蒸在降压条件下完成，乳中的风味物质也将随水蒸气的蒸发而损失掉，这一点尤其不利于风味乳制品的生产。闪蒸过程破坏了乳脂肪球的稳定，系统中需要使用后置无菌均质机，以保证乳制品在贮运过程中不产生脂肪上浮现象，从而增加了设备投资。这种方法对加热介质要求十分严格。

(2) 间接加热系统

间接加热是乳品厂中最常使用的方法，这种方法是在产品和加热介质或冷却介质之间放置了一个间壁物，热量由介质传到间壁，再由间壁传到产品。与巴氏杀菌设备类似，间接加热系统可分为板式热交换器、管式热交换器和刮板式热交换器。可依据产品和加工要求将不同的热交换器进行组合。

①超高温板式换热系统

超高温板式换热系统是板式巴氏杀菌系统的发展，不同之处在于该系统能承受 135℃～150℃的高温和较高的内压。板式换热器经过优化板式的组合和形状的设计，可以大大提高传热系数和单位面积的传热量，在设计上能使物料产生更为激烈的湍流而具有良好的换热效率，且组装拆卸容易，便于手工拆卸清洗。简单的超高温板式热交换系统如图 2－17 所示。

牛乳由液位控制平衡槽，经离心泵进入板式换热器的第一部分（热回收段），在这里未经灭菌的牛乳与灭菌后的牛乳进行热交换而达到 65℃～80℃的均质温度，然后牛乳进入均质机。均质机是往复式泵，提供了牛乳在热交换器内流动所需的压力。经均质后的牛乳进入最终加热段，由加压的热水器加热至所需的灭菌温度，然后经过保温管进入水冷却段，最终经过热回收段冷却至贮存和灌装温度。板式热交换器的UHT设备生产能力可高达3000L/h。

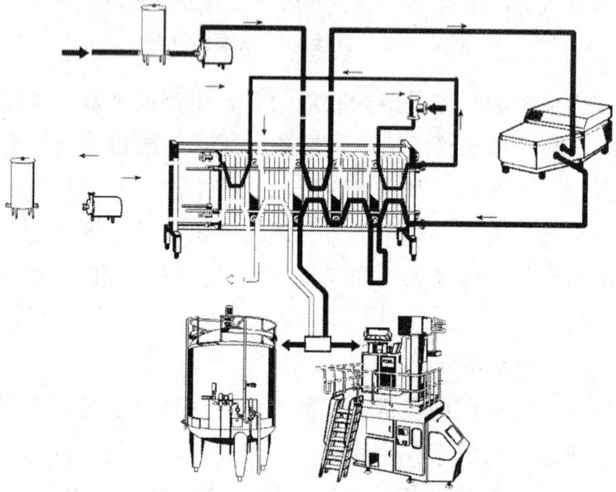

图2—17 以板式热交换器间接加热的UHT系统

②超高温管式热交换系统

超高温管式热交换系统被选用于含有或不含有颗粒或纤维的低等或中等黏度的产品的UHT处理。管式热交换设备生产能力在1000～3000L/h。管式热交换器由一些管集束成模型，串联或并联连接，形成一个完整的最佳系统，以完成加热或冷却的任务，也可完成分散加热任务。管式换热器可以承受更高的内压，每班运转的时间要比板式换热器的时间长，并将处理产品的范围扩大，如有些不适合板式换热器的黏性产品可以用管式系统加工，另外管式系统拆卸以及观察内壁的清洁情况明显易于板式系统及盘管式系统。

典型的间接超高温中心套管式流程如图2－18所示。生产时，产品由平衡槽用离心泵泵入加热灭菌器，这一段在生产中是不起作用的。产品首先由热回收加热器将灭菌后的产品加热至适当温度后进入均质机。

产品经过均质机后，继续在热回收段被加热，然后进入蒸汽加热段达到灭菌温度，经过保温管后，产品返回热回收段被初步冷却，然后进入冷却段达到最终冷却温度。背压是通过孔板和背压阀保持的。灭菌温度通过保温管处的温控器调整蒸汽的供应量来实现。当生产中温度降低时，产品回流至夹套缸，清水注满设备，在生产重新开始前，必须进行清洗和灭菌。

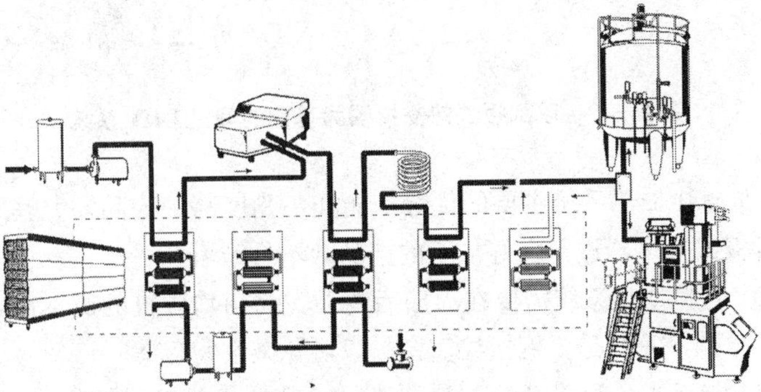

图 2—18 以管式热交换器为基础的间接 UHT 系统

③超高温刮板式热交换系统

超高温刮板式热交换系统是最适宜处理含有或不含有颗粒的高黏度食品的 UHT 设备。刮板式热交换器是通过强制机械对流来提高传热效率的特殊传热设备。由于刮板式热交换器单位面积的成本较高，且热回收率与管式、板式系统相比较低，只用来加热黏度高的产品。以一系列适宜的热交换器为基础，其典型的流程如图 2—19 所示。

目前，我国大多数 UHT 乳制品企业使用间接加热的 UHT 系统，采用管式或板式换热器。管式和板式间，间接加热系统的热回收效率一般在 90%以上，与直接加热系统相比，大大降低了生产成本。

2. 不同超高温灭菌设备的比较

(1) UHT 瞬时加热更容易通过直接加热系统来实现，直接加热系统比间接加热系统的加热和冷却速度快。

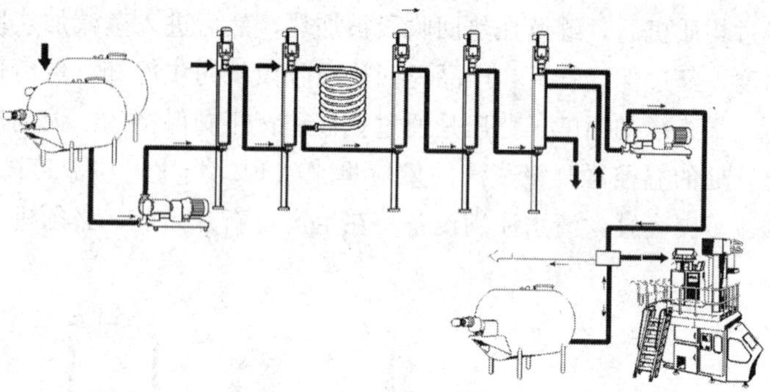

图 2—19 以刮板式热交换器为基础的间接 UHT 系统

(2) 直接加热系统主要的优势是能加工黏度高的产品，尤其是对不能通过板式换热器进行良好加工的产品，不易结垢。

(3) 直接加热系统需要在灭菌后均质，无菌均质机的成本高，还需要小心维护，尤其是要更换柱塞密封以避免微生物污染。

(4) 与板式和管式系统加热器不同，直接加热系统结构相对复杂。直接加热系统中装置大多数是非标准型和特制的，需要额外的设备等。

(5) 直接加热系统的运转成本相对较高，这是由于其能量回收的可能性受到限制而使加热成本增加。间接加热系统可获得 90％或更高的热回收率，且热能成本也较低，但产品在系统中的受热时间较长。

(6) 热回收率高的间接加热系统，在生产中的水耗量是可以忽略不计的；即使是热回收率低的间接加热系统，其冷却水消耗量也相对适中。

(7) 直接加热系统比间接加热系统需要更多的泵，间接加热系统只需要一个产品泵和均质机。

(8) 直接加热系统的操作成本是间接加热系统的 2 倍，直接加热系统连续运转的时间较长；但对于微酸的牛乳来说，间接加热系统会产生严重的污垢现象。

第七节　清洗设备

牛乳是一种细菌能迅速繁殖的理想营养基脂，设备使用过后若不进行彻底清洗，将会引起十分严重的后果。加工设备的彻底清洗和消毒是乳品加工的不可少的部分。

清洗就是通过物理和化学的方法去除被清洗表面可见和不可见的杂质的过程。设备的清洗必须及时、彻底。基本上所有需要清洗的管路都应内壁光滑、排水通畅，不能有死角。循环的管径应保持一致，否则会影响洗涤流速，且要保证所有清洗的食品接触面都包括在循环系统内。设备表面首先用化学剂进行彻底清洗，然后再进行消毒。

就地清洗（Cleaning In Place，CIP）是设备（罐体、管道、泵等）及整个生产线在无须人工拆开或打开的前提下，在闭合的回路中进行清洗。而清洗过程增加了湍动和流速，对设备表面喷淋或在管路中循环。

1. CIP 系统的分类

CIP 清洗系统一般可分为中心控制清洗系统和分散控制清洗系统两种。控制清洗系统是在乳品厂建立一个 CIP 中心站，该站设有水、酸、碱以及被冲洗下来的乳液等的贮存罐，设有供冷水、酸、碱加热的热交换器，还包括用来维持清洗液浓度的计量设备及中和废弃酸碱的贮存罐，清洗时清洗液通过一系列管道输送到需要清洗的设备，管路上的阀门可通过中心控制室按照程序自动开关。该方式的优点是自动化程度高，清洗成本低，清洗效率高，所需人员少；缺点是一次投资费用高，管路多而长。分散控制清洗系统是在被清洗设备旁边安装酸碱槽和泵，由手动操作对单机进行清洗。该法的优点是一次性投资少，易于操作；缺点是清洗成本高，清洗液消耗量大，清洗效率低。

根据生产工艺流程、设备类型、厂房布局、生产和投资规模等多方面因素决定采用哪种清洗方式。

2. CIP系统的设计

乳品加工厂的CIP系统是由贮存、将清洗液分配到回路中的各种设备组成，其设计的质量直接关系到清洗效果的好坏、清洗时间的长短和清洗费用的高低，设计时应考虑以下几个方面：

（1）中心清洗站要供应多少个CIP分循环，有多少个热加工设备和多少个冷加工设备；

（2）整个清洗杀菌系统的蒸汽用量是多少；

（3）预冲洗出来的乳液是否回收和如何处理；

（4）清洗液的回收利用；

（5）对设备采用何种消毒方法，是用化学方法还是物理方法。

就地清洗一般有两种方式，即集中式清洗和分散式清洗。直到20世纪50年代末，清洗还是分散式，乳品厂内的清洗设备紧靠在加工设备附近，洗涤剂在现场由手工混合到所要求的浓度，洗涤剂消耗高，洗涤费用昂贵。之后，集中式的就地清洗发展起来，在乳品厂中建立了集中的就地清洗站，由它通过管路网向乳品厂内所有就地清洗线路供应冲洗水、加热的洗涤剂溶液和热水。用过的液体再由管道送回中心站，并按照规定的线路流入各自的收集罐，按照这种方法收集的洗涤剂可以浓缩到正确的浓度，并一直用到太脏不能使用为止，最后排掉。

（1）集中式就地清洗

集中式系统主要用于连接线路相对较短的中小型乳品厂，如图2—20所示。

水和洗涤剂溶液从中央站的贮存罐泵至各个就地清洗线路处，洗涤剂溶液和热水在保温罐中保温，通过热交换器达到要求的温度，最终的冲洗水被收集在冲洗水罐中，并作为下次清洗程序中的预洗水，来自第一段冲洗的牛乳和水的混合液被收集在冲洗罐中。

在大型乳品厂，可建立一个CIP中心站，首先从中心站中将清洗水和热的洗涤液及热水通过管道网路泵送到各个回路中去，然后再将用过

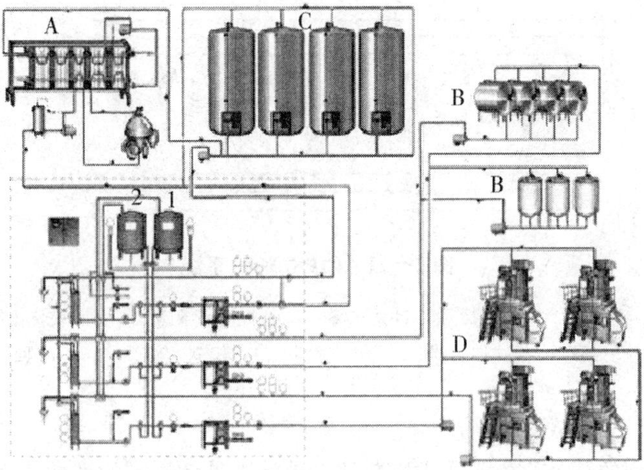

图 2—20　集中式就地清洗系统

A. 牛乳热处理　B. 乳罐组　C. 室外乳仓　D、包装机
1. 碱性洗涤液罐　2. 酸性洗涤液罐

的液体经管道送回中心站的各自贮存罐中，此方法能够较容易地控制清洗溶液的正确浓度，并对清洗溶液进行重复使用。

中心站一般设有供冷水、酸及碱加热的热交换器、水、酸液、碱液罐、回收罐，以及维持洗涤剂溶度的脊梁设备和废弃酸液、碱液的贮存罐。其典型设计，如图 2—21 所示。

这种类型的清洗站通常自动化程度很高，各罐都配有高、低液位监测电极，清洗溶液的回流情况可通过导电传感器来控制，导电率通常与乳品厂中使用的清洗液浓度成正比，用水清洗的过程中，洗涤剂溶液的浓度越来越低，低到预设值时，转向阀将液体排掉，而不返回洗涤剂罐，就地清洗的程序由定时器控制，大型的就地清洗站可以配备多用罐，以提供必要的容量。

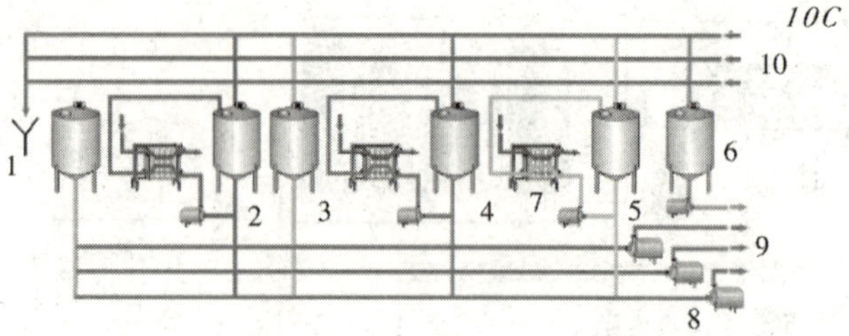

图 2—21　CIP 中心站系统

1. 冷水罐　2. 热水罐　3. 冲洗水罐　4. 碱性洗涤液罐　5. 酸性洗涤液罐
6. 冲洗乳罐　7. 板式加热器　8. CIP 进程泵　9. CIP 进程管线　10. CIP 回程管线

（2）分散式就地清洗

大型的乳品厂由于集中安装的就地清洗站和周围的就地清洗线路之间的距离过长，所以分离式就地清洗是一个有吸引力的选择，大型的就地清洗站就被一些分散在各组加工设备附近的小型装置所取代，分散式就地清洗系统也称为卫星式就地清洗系统，其中仍有一个供碱液和酸性洗涤剂贮存的中心站。

碱性洗涤剂和酸性洗涤剂通过主管道分别被派送到各个就地清洗装置中，冲洗水的供应和加热（酸性洗涤剂的供给及加热）则在卫生站就地安排，分散式系统的 CIP 装置，它是带有两条清洗线路，并装有 2 个循环罐和 2 个与洗涤剂和冲洗水回收罐相连的浓缩洗涤剂计量泵的分散式系统的 CIP 系统。

这些卫生站根据仔细测量，用最少液量来完成各阶段的清洗程序，即液体能够装满被清洗的线路。用一台大功率循环泵，使洗涤剂高速流回线路，最少量清洗液循环的原则有很多优点，水和蒸汽的消耗量会大大降低。第一次冲洗获得的残留牛乳浓度高，因此处理容易，蒸发费用低，分散式就地清洗比使用大量液体的集中式就地清洗给废水系统造成的压力要小。

3. CIP 的优缺点

CIP 循环包括所有生产线，清洗和生产过程中不会发生原料乳和热处理后的牛乳以及生产线的交叉污染。一个更为普遍的缺点是由于对清洗喷头的设计和维护不当，而未能有效地清洗容器和贮槽的所有内壁。与手工清洗相比，CIP 具有如下的优点：

①清洗成本低，水、清洗液、杀菌剂及蒸汽的消耗量少；

②安全可靠，设备无须拆卸，不必进入大型乳罐；

③清洗效果好，按设定程序进行，有效避免人为的失误。

4. UHT 系统的中间清洗

UHT 生产中有时采用中间清洗（AIC，Aseptic Intermediate Cleaning），即生产过程中在没有失去无菌状态的情况下，对热交换器进行清洗，而后续的灌装可在无菌供乳的情况下正常进行的过程。采用这种清洗是为了去除加热面上沉积的脂肪、蛋白质等垢层，降低系统内压力，有效延长运转时间。一般包括以下几个阶段：

①在系统压力达到极限前，冷水冲洗管道，顶出产品。

②碱液循环（如浓度为 2.0%的氢氧化钠溶液）按照“正常清洗”状态在管道内循环，但循环时要保持正常的加工流速和温度，以便维持热交换器及其管道内的无菌状态，循环时间一般为 10min，但标准是热交换器中的压力下降到设备典型清洁状态（即水循环时的正常降压）。当压力下降到正常水平时，即认为热交换器已经清洗干净。

③水冲洗至中性。

④调整至正常的加工温度，通入要杀菌产品，继续生产。

第三章　乳制品加工的通用流程

不同的乳制品加工种类，其加工流程也会有所不同，但乳制品的加工都是在牛乳的加工基础上进行的，因此无论进行何种乳制品的加工制作，都会有牛乳的基础加工步骤，我们可以称之为乳制品加工的通用流程。在通用流程的基础上，由于加工种类不同，也会有各自不同的加工步骤组合在其中。

第一节　鲜乳的收集和贮存

一、鲜乳的收集

乳品加工厂的原料乳一般是通过奶桶或奶槽车从牛场或收奶站运输过来的。乳品厂由专门的部门收集运输来的原料乳，收奶的同时，要计量原料乳，收集程序见图2－2收奶计量系统。计量牛乳有两种方式，见第二章图2－3、图2－4。

二、鲜乳的贮存

为了满足生产的需要，乳品厂要保证一定的牛乳的贮存量。牛乳贮存一般是在贮奶罐中，贮奶罐可以安装在室内，也可以安装在室外。贮奶罐为不锈钢卧式或立式，根据容积不同分为小型（2000L）、中型（5000L）、大型（15000L或45000L）和超大型（100000～200000L）。贮奶罐应有绝缘层或冷却夹套，并配备搅拌器、视孔、入孔、温度计、液位计和工作扶梯，大中型罐内还配置有就地清洗系统。

乳品厂所配备的贮奶罐的数量由每天处理的乳量和罐的大小决定。需要注意的是，贮奶罐要装满，半罐容易升温，影响乳的质量。

第二节 原料乳的验收

对鲜牛乳的检测分为收乳站或集中挤乳时的验收检测和用大型乳槽车将牛乳运到加工厂后的收乳验收测定。目前国际和国内较通行的是应用牛乳全面质量评价体系来进行原料生乳的验收检测。

一、生鲜牛乳的验收标准

我国生鲜牛乳收购标准（GB6914－1986 和 NY5045－2001）中对感官指标、理化指标、细菌指标有明确规定，该标准适合于收购的生鲜牛乳的检验和评级。

1. 感官指标

收购的生鲜牛乳系指从正常饲养的、无传染病和乳房炎的健康的母牛乳房内挤出的常乳。感官指标为：正常牛乳应为乳白色或微带黄色，不得含有肉眼可见的异物，不得有红色、绿色或其他异色。不能有苦、咸、涩的滋味和饲料、青贮、霉等其他异常气味。

2. 理化指标

表 3－1 生鲜牛乳理化指标

项目	指标	项目	指标
脂肪含量/%	≥3.2	酸度/°T	≤18.0
蛋白质含量/%	≥3.0	杂质度/（mg/kg）≤4	
密度/d	1.028～1.032	非脂乳固体含量/%	8.3

3. 微生物指标

表 3－2 生鲜牛乳的细菌指标

分级	平板菌落总数分级指标/（104cfu/mL）	美蓝褪色时间分级指标
Ⅰ	≤50	≥4h
Ⅱ	≤100	≥2.5h
Ⅲ	≤200	≥1.5h
Ⅳ	≤400	≥40min

二、生鲜牛乳的取样规则

1. 适用范围。本法记述从大型容器或小型容器中，取得具有代表性样品的生乳及消毒乳取样的方法。

2. 规定。样品的采取必须由公认的、具有一定技术的代理人进行。该代理人必须无传染性疾病。样品应附有负责取样者签名的报告书，该报告书应详细记载取样的场所、奶别、货主、日期、时间、取样者和到场者的姓名及职称，必要时还应包括包装形式、大气温度、湿度、取样器具的灭菌方法、样品防腐剂添加与否及有关的特殊情况。

3. 各样品必须贴上标签并密封，必要时还要写明样品的重量。样品采取后必须在 24h 内，迅速送往试验室进行检验。

4. 化学分析用样品采样所用器具及样品容器都必须清洁干燥。取样容器以玻璃材料、不锈钢和某些塑料制品为好，须配有合适的橡胶塞、塑料塞或螺旋塞盖紧。使用橡胶塞时，须用不吸附的无臭物质（例如某种塑料）套好盖在容器上，也可用合适的塑料袋。

5. 小型容器取样，应该用密封完整的容器的内容物作为样品。化学分析的鲜乳样品，可加适量对分析没有影响的防腐剂，并在标签和报告中注明。细菌和感官检验用的样品不得使用防腐剂，但必须保存在 0℃～5℃冷藏容器中，运输途中也不可超过 10℃，并须防止日光直射。

6. 大容器取样前，应上下持续搅拌 25 次以上，直至充分混匀，然后直接用长柄匙取样。

7. 检验前，无论是理化质量检验或卫生质量检验，所有生奶及消毒奶样品由冷藏处取出后均需升温至 40℃，剧烈颠覆上下摇荡，使内部脂肪完全融化并混合均匀后，再降温至 20℃，用吸管取样进行检验。

三、乳成分指标检测

1. 乳成分指标的检测方法

近年来，随着分析仪器的发展，乳品检测方法出现了很多高效率的检验仪器，采用光学法来测定乳脂肪、乳蛋白、乳糖及总干物质，并已开发使用各种微波仪器。

①微波干燥法测定总干物质（TMS 检验）

通过 2450MHz 的微波干燥牛乳，并自动称量、记录乳、总干物质的质量，测定速度快，测定准确，便于指导生产。

②红外线牛乳全成分测定

使用红外线分光光度计自动测定牛乳的脂肪、蛋白质、乳糖三种成分的含量。该法测定速度快，但设备造价较高。这类红外吸收分析仪器的主要制造商是丹麦的 Foss 电子公司等。

使用仪器分析法必须在规定的条件下用参照方法进行校正，参照方法有：测定脂肪用盖勃法，测定蛋白质用凯氏定氮法，测定乳糖用旋光测定法。

2. 稳定性指标检测

牛乳的稳定性指标主要被用来检验牛乳是否变酸、是否与初乳混合或者受有乳房炎乳的污染，主要包括以下几方面检测。

（1）酸度检验

酸度是衡量牛乳新鲜程度和热稳定性的重要指标，通常以滴定酸度表示。一般来说，酸度高则新鲜程度和热稳定性差，可贮存时间较短；酸度低则表示新鲜程度和热稳定性好，可贮存时间长。

滴定酸度是以酚酞作指示剂，取 100ml 乳，用 0.1mol/L 氢氧化钠溶液滴定，以消耗碱液的毫升数来表示的酸度。滴定酸度的标准测定方法虽然准确，但在现场收购时受到实验条件限制。为此，可考虑使用简易法：用 17.6ml 贝布科克氏鲜乳移液管，取 18g 鲜乳样品，加入等量的不含二氧化碳的蒸馏水进行稀释，以酚酞作指示剂，再加入 0.02mol/L 的氢氧化钠溶液 18ml，并使之充分混合，如呈微红色，说明其鲜乳酸度在 0.18%以下。

新鲜牛乳的滴定酸度为 16 °T～18 °T；用于制造乳粉的原料生乳，酸度不得超过 20 °T；酸度不超过 22 °T的原料生乳尚可制造乳油，但其风味较差；酸度超过 22 °T的原料生乳只能用于制造工业用的干酪素、乳糖等。

（2）酒精检验

酒精检验是为观察鲜乳的抗热性而广泛使用的一种方法。新鲜牛乳对酒精的作用表现得相对稳定；而不新鲜的牛乳，酒精会加速蛋白质胶粒的聚沉。此检验方法可检验出鲜乳的酸度，以及盐类平衡不良乳、初乳、末乳及细菌作用产生凝乳酶的乳和乳房炎乳等。

酒精浓度越高，脱水作用越强，酪蛋白越易沉淀。一般以72%浓度（容量浓度）的中性酒精与原料生乳等量混合，摇匀，无凝块出现为标准，正常牛乳的滴定酸度不高于18 °T，不会出现凝块。酒精试验中，牛乳与酒精必须等量混合，由于混合时温度会升高5℃～8℃，增大检验误差。因此，两种液体的温度应保持在10℃以下。

表3—3　酒精试验中酒精浓度与牛乳酸度的关系

酒精体积分数%	牛乳蛋白质凝固特征	牛乳酸度°T
44	很大的絮片	28～30
52	大型的絮片	26～28
60	中型的絮片	24～26
68	较细小的絮片	22～24
70	很细小的絮片	21～22
72	细小的絮片	18～21

酒精检验方法：取2ml中性酒精于干净的试管内，再加入等量的被检测牛乳混合，振摇后不出现絮片的牛乳，符合原料乳酸度标准；出现絮片的牛乳，为酒精试验阳性乳，表示其酸度较高。试验温度以20℃为准，不同温度需进行校正。

根据收乳标准，采用的中性酒精浓度为68°、70°和72°。一般来说，用于制造淡炼乳和超高温灭菌乳的原料生乳，用75%的酒精试验；用于制造甜炼乳的原料乳，用72%酒精试验；用于制造乳粉的原料生乳，用68%的酒精试验（酸度不得超过20 °T）。

（3）比重检验

比重检验常作为评定鲜乳成分正常与否的一个指标，正常牛乳的比重平均为1.030。我国鲜乳的比重测定采用“乳脂计”，即乳专用比重计。

比重测定方法：取干净的250ml量筒一个，将经仔细搅匀的被检乳小心沿壁注入量筒中，加到量筒3/4容积为止（注意尽量不产生气泡），然后把乳脂计轻轻插入量筒内牛乳的中心，使其徐徐下沉，沉至1.030处放手（注意不使比重计与量筒壁底接触）；待静止后，两眼对准量筒牛乳液面月牙形最高顶面读数，同时用温度计测出该乳的温度进行稳定校正，校正后的读数即为该牛乳的比重。

乳的比重随着温度变化而变化的。当乳温上升时，乳因体积膨胀而比重变小。根据科学测定，在10℃～25℃范围内，温度每变化1℃，比重相应变化大概为0.2度。因此，温度比20℃高1℃，比重应加0.2℃；温度比20℃低1℃，比重应减0.2℃。

（4）煮沸检验

牛乳的煮沸检验用于确定牛乳蛋白质的稳定性。牛乳的酸度越高，越易发生蛋白质凝固。生鲜牛乳中混有高酸度乳时，用一般滴定法不能检出，用煮沸试验能检出。如果乳中混有高酸度乳，煮沸时该部分就会凝固。乳的酸度越高，乳的凝固温度就越低，如表3—4所示。

表3—4　乳的酸度与乳的凝固温度

乳的酸度°T	凝固情况
18	煮沸时不凝固
20	煮沸时不凝固
26	煮沸时能凝固
30	加热到77℃时凝固
40	加热到63℃时凝固
50	加热到40℃时凝固
60	到22℃时自行凝固

续表

乳的酸度°T	凝固情况
65	到16℃时自行凝固

煮沸检验方法：取5～10ml被检乳于试管中，置于沸水中加热5min或在酒精灯上加热煮沸，观察有无絮片出现或发生凝固现象。如产生絮片或发生凝固，表示该乳不新鲜，酸度在26 °T以上或混有高酸度乳、初乳等。此法仅在生产前，牛乳酸度高时作为补充试验，以确定牛乳是否能使用，以避免杀菌时牛乳发生凝固。

3. 微生物指标检验

一般现场收购鲜乳不做细菌检验，但在加工以前，必须检验细菌总数和体细胞数，以确定原料生乳的质量和等级。如果是加工发酵制品的原料生乳，必须做抗生素的检验。

（1）细菌检验

绝大多数细菌是不耐热的，经灭菌后原来每毫升牛乳中含有的几百万甚至上千万的细菌总数并不会影响灭菌效果。但长货架期的灭菌乳，原料生乳中若含有过高的细菌，其代谢将产生各种脂肪酶和蛋白酶，其中有些酶是相当耐热的，尤其是嗜冷菌产生的酶类。这些酶存活于灭菌乳中，会在产品的贮存期内复活，分解蛋白和脂肪而产生一系列非微生物的质量缺陷如凝块、脂肪上浮等。另外，含有过多细菌的牛乳即使经过超高温之后，细菌被全部杀灭了，但根据美国最新医学研究表明，残留于牛乳中的过多的细菌代谢残留物如热源等，仍会使人产生一些不良反应，如发热、关节炎等。因此控制原料生乳的质量对保证灭菌乳的质量至关重要。

细菌检验的方法很多，有美蓝还原试验、直接镜检法、稀释倾注平板法、大肠菌数测定、细菌快速检测法等方法。

①美蓝还原试验

美蓝还原试验是用来判断原料生乳的新鲜程度的一种色素还原试

验。新鲜乳加入亚甲基蓝后染为蓝色，牛乳中细菌的新陈代谢产生还原酶，可以使颜色逐渐变淡，直至无色。颜色改变的速度与细菌数有直接关系。通过测定颜色变化速度，可间接地推断出鲜乳中的细菌数。

该法除可间接迅速地查明细菌数外，对白细胞及其他细胞的还原作用也敏感。因此，还可检验异常乳（乳房炎乳及初乳或末乳）。

②直接镜检法

是利用显微镜直接观察确定鲜乳中微生物数量的一种方法。取一定量的乳样，在载玻片上涂抹一定的面积，经过干燥、染色、镜检观察细菌数，根据显微镜视野面积，推断出鲜乳中的细菌总数，而非活菌数。直接镜检法比平板培养法更能迅速判断结果，通过观察细菌的形态，推断细菌数增多的原因。

③稀释倾注平板法

平板培养计数是取样稀释后，接种于琼脂培养基上，培养 24h 后计数，测定样品的细菌菌落总数。该法测定样品中的活菌数，测定需要时间较长。具体方法见 GB4789.2 和 GB4789.18。

菌落总数是指 1g 或 1ml 食品检样经一定条件培养后，所含细菌菌落的总数。菌落总数用以判断食品被细菌污染的程度，或观察食品中细菌的性质，在食品中繁殖的动态。

④大肠菌数测定法

大肠菌数是以 100ml（g）检样内大肠菌群最可能数（MPN）表示，通过该指标可以推断食品是否有污染肠道致病菌的可能，具有广泛的卫生安全评价意义。具体检验方法见 GB4789.3 和 GB4789.18。

⑤细菌快速检测法

大约从 1980 年起，细菌菌落计数方法朝着细菌物理浓缩、染色和对染色细菌进行计数的计数发展。这一发展随着直接外荧光过滤技术（DEFT）的引入最早出现在英国。DEFT 法快捷灵敏，但仪器昂贵，操作劳动强度大，且需要有经验的操作人员才能获得一定的效果。其他一些自动检测方法，包括 Biofoss，Bactisan 和 Autotrak 都是以此为基础发展起来的。这些自动检测方法都有很高的准确性，且速度快，但费用高。目前有许多这样的设备在使用，尤其是在许多乳制品发达国家的实验室里。

（2）体细胞数检验

体细胞总数是由上皮细胞、淋巴细胞和白细胞组成。正常乳中的体细胞，多数来源于上皮组织的单核细胞，如有明显的多核细胞出现，可判断为异常乳。

牛乳中体细胞数的定量测定不仅能为我们提供乳牛的健康情况信息，而且也能为我们提示牛乳的质量情况。患急性或慢性乳腺炎的乳牛泌乳时体细胞数目会增加，体细胞数增加会加速 UHT 产品凝胶化，缩短巴氏杀菌产品的保质期，延长发酵产品的凝固时间、减少风味物质的产生及降低干酪产品的产出率并引起质构缺陷。另外乳中的体细胞对乳中的细菌具有保护作用，如单核细胞李氏杆菌，当它们存在于体细胞内时，巴氏杀菌法不容易将它们完全杀灭。

因此，为限制体细胞数含量高的原料生乳进入加工厂，应对鲜乳进行体细胞计数检查。采用体细胞检测仪进行检测，也可以按常规进行涂片，经染色后镜检测定。大多数国家体细胞计数的极限标准为 500000 个/ml，即当计数指标超过该指标时，乳牛患乳房炎的可能性增大，而小于该指标时则患病的可能性也大为下降。目前，体细胞测定已成为牛乳质量控制的一个重要内容。细胞含量通过特殊设计的计数方法有直接镜检法（同细菌检验）、粒子计数法（考特计数器等），或加利福尼亚细胞数测定法（GMT 法）。GMT 法是根据细胞表面活性剂的表面张力，细胞在遇到表面活性剂时，会收缩凝固。细胞越多，凝集状态越强，出现的凝集片越多。

（3）药物残留检验

可能发生残留的药物主要包括抗生素、兽药和抑制剂等。原料生乳中残留的抗生素会对消费者的健康造成很大的危害。首先，长期饮用含有抗生素的乳会使人产生耐药性。抗生素在牛乳中的残留，会使人被动的摄取并积累，给肌体带来毒性。而长期饮用抗生素超标的牛乳，就会抑制和杀灭正常肌体内寄生的大量菌群，耐药菌或条件性致病菌大量繁殖，人体肠道的菌群平衡遭到破坏，使肌体易发生感染性疾病。另外，由于含有抗生素的牛乳无法制成酸乳、乳酪等一些高质量的乳制品，易造成大量原料乳的浪费，给乳品加工企业带来很大的经济损失。所以，对含有抗生素的原料乳一般采取拒收处理。

抗生素残留检验是验收发酵乳制品原料生乳的必检指标。检测方法有需要约 3h 的 TTT 法和 DELVO 法，也有只需不到 10min 的快速检测法（如应用 SNAP 仪器、ROSA 仪器或 SHARMⅡ仪器的快速检测方法）。通常快速法的检测成本较高和针对不同大类的抗生素要准备不同的试剂盒或试剂条，但是它们操作简单而且还有方便携带的小型仪器。常用的方法有以下几种。

①TTC 试验

如果鲜乳中有抗生物质的残留，在被检乳样中，接种细菌进行培养，细菌不能增殖，此时加入的 TTC 保持原有的无色状态（未经过还原）。反之，如果无抗生物质残留，试验菌就会增殖，使 TTC 还原，被检样变成红色。因此，被检样保持鲜乳的颜色即为阳性；如果变成红色则为阴性。

②纸片法

将指示菌接种到琼脂培养基上，然后将浸过被检乳样的纸片放入培养基上，进行培养。如果被检乳样中有抗生物质残留，会向纸片的四周扩散，阻止指示菌的生长，在纸片的周围形成透明的阻止带，根据阻止带的直径，判断抗生物质的残留量。

4. 原料乳的掺假检验

根据我国有关部门调查统计说明，目前全国各地的原料生乳掺假情况比较严重。被掺假后牛乳的营养价值下降，甚至还会含有有毒有害物质，损害消费者的健康。因此掺假牛乳的检验也是一项非常重要的任务。

（1）掺假物质的分类

原料生乳掺假成分十分复杂，除水分以外还有多种化学物质，有单一掺假也有多重掺假。根据掺假物质的理化性质，可以分为电解质类、非电解质类、胶体类和防腐类四类物质。

①电解质类物质

添加电解质类物质可以提高牛乳的比重，掩盖掺水。该类电解质物质一般是以食盐为代表的中性或近中性盐类，如食盐、硫酸钠、明矾、铵盐、硝酸盐和亚硝酸盐等。牛乳中加入这类物质能使比重提高，但不会引起酸度的严重变化。

夏天高温季节，乳易因酸败引起酸度提高，此时添加中和剂的目的是中和酸度，这类物质有碳酸钠、碳酸氢钠、石灰水等，同时还能提高牛乳的比重。

②非电解质类物质

加入非电解质类物质的主要目的是为了增加比重，如蔗糖、尿素等。

③胶体类物质

胶体类物质有动物胶、米汤、淀粉、豆浆、豆饼水等。该类物质能增加牛乳的黏度，掩盖其掺水后的稀薄感，也能掩盖其中增加牛乳比重的各类掺杂物质。

④防腐类物质

防腐类物质有杀菌和抑菌作用，加入量通常很少，不足以破坏牛乳的体系平衡，也不易引起牛乳的理化性质的改变，但危害性极大。这类物质中属于防腐剂的有甲醛、苯甲酸、水杨酸、硼酸、双氧水、亚硝酸钠等，属于抗菌素的有青霉素、红霉素、链霉素等，有时甚至混有有毒的农药如敌敌畏、DDT等。

（2）牛乳掺假的系统分析和综合判断

牛乳掺假成分复杂多样，有时会有多重掺假，再加上各种检验方法本身的局限性，需要通过系统分析进行综合判断。

牛乳掺假的系统检验方法如图 3－1 所示。

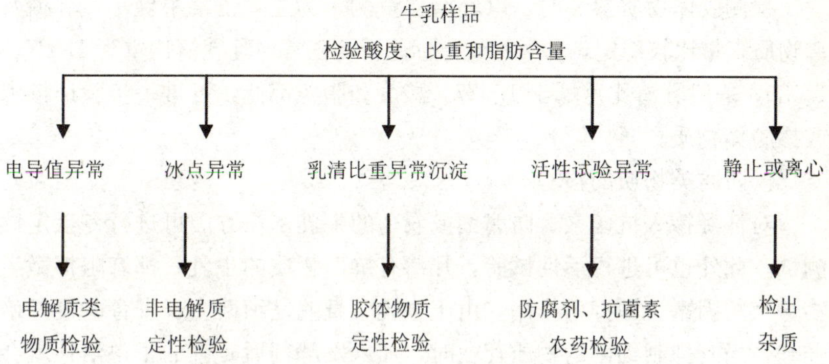

图 3－1　牛乳掺假的系统检验方法

①电解质类物质的检验

电解类物质的检出，应以电导值检测为主，结合牛乳的比重、酸度和脂肪含量作出综合判断。电导值异常可以基本判定为异常乳。如果脂肪含量正常则说明掺水可能性小，可能是乳房炎乳或病牛乳。电导值正常的牛乳仍有可能为掺水乳，只是掺水量相对较少而已，但这种情况下脂肪含量和酸度都会降低。

②非电解质类物质的检验

冰点的测定，可以用来检出非电解质类晶体物质。如测定结果异常，基本可以肯定是异常乳。但对掺假乳、病牛乳和酸败乳的区别还应参考比重、滴定酸度和脂肪含量来判定。

如果冰点异常，滴定酸度较低，脂肪含量也较低，说明掺假、掺杂的可能性大；

如果冰点异常，滴定酸度较高，而脂肪含量正常，比重也正常时，可能是高酸度乳；

如果冰点低，脂肪比重正常，可能为病牛乳；

如果牛乳冰点较高，滴定酸度较低，脂肪含量较低，比重也低，这可能是掺水或掺稀薄的胶体物质所致。

③胶体类物质的检验

检测胶体物质掺假时，以乳清比重测定为主，正常牛乳中，乳糖及矿物质含量比较稳定，参考常规指标分析，正常牛乳乳清比重为1.027～1.030，一般乳清比重低于1.027，酸度和脂肪都低，可进一步验证掺水或掺胶体物质。

④防腐类物质的检验

对怀疑掺入抗菌素、防腐剂或农药的牛乳，一方面可进行专项定性测试。此外也可进行活性试验，凡掺有抗菌物质的牛乳，都有阻抑微生物繁殖的因素，即抑菌作用，由于牛乳本身就是细菌生长发育的良好培养基，当有抑制细菌的物质存在时，加入发酵剂后，乳的正常活性就会改变，如果牛乳 pH 值不变或下降缓慢都可怀疑掺入了抗菌防腐类物质，应进一步定性。

（3）常用的掺假检验方法

以下介绍的检验掺假的方法，大部分不是国家标准方法，也不是法定方法。方法本身可能存在不够完善之处，需要在灵敏度等方面进一步提高，但上述方法仍在中小企业的实际生产中具有一定的实用价值。

①碱性物质的检查

为了掩蔽牛乳的酸败作用，降低牛乳的酸度，防止牛乳因变酸而发生凝结，因而在牛乳中加入少量的碱（碳酸钠或碳酸氢钠）。但加碱后的牛乳不仅滋味不好，而且易使腐败菌生长，同时有些维生素也被破坏，对饮用者的健康不利，因而对原料生乳加碱的检出有一定的意义。

常使用的方法有以下几种：

ⅰ 溴麝香草酚蓝法

原理：溴麝香草酚蓝是一种酸碱指示剂，在 pH6.0～7.6 的溶液中有从黄到蓝的颜色变化。牛乳加入碱后，氢离子浓度发生变化，因而使溴麝香草酚蓝显出与正常牛乳不同的颜色。不同的碳酸钠会对应不同的颜色变化。

试剂：ρ=0.4g/L 溴麝香草酚蓝乙醇溶液

操作方法：把5ml被检牛乳注入试管中，将试管保持倾斜状态，再沿管壁小心加入溴麝香草酚蓝溶液5滴。把试管小心倾斜旋转2～3次，使液体更好地互相接触（但切忌液体相互混匀），然后把试管垂直放置2min后，根据指示剂颜色的特征确定结果，同时需要作空白对照试验。

ⅱ 灰分碱度滴定法

含有碳酸钠的牛乳经过较长时间后，由于微生物的影响，使牛乳酸度不断增加，以至将氢离子浓度降低，此时用指示剂显色就不能反映实际情况，只能用牛乳灰分酸度的提高来确定碳酸钠加入量。

原理：经高温灼烧后的有机酸钠盐和碳酸钠，均能转化为氧化钠，溶于水后生成氢氧化钠，其含量可用标准溶液滴定而测出。

试剂：0.1mol/L盐酸标准溶液；ρ=5g/L酚酞溶液

仪器：高温炉（1000℃）；水浴锅；蒸发皿或瓷干锅（50ml）；玻璃漏斗

操作方法：在坩埚或蒸发皿中，注入10ml牛乳，在水浴上蒸干，然后放入高温炉在550℃下灰化，取出冷却。加入30ml热水浸泡，并用玻璃棒击碎灰粒后，滤入三角瓶中，并用少量热水冲洗滤纸和灰分残渣，然后在滤液中加入酚酞指示剂3～5滴，用标准盐酸溶液滴定至溶液呈无色，记录标准酸溶液的用量。

ⅲ 玫瑰红酸定性法

原理：乳中无碱性物质，则遇玫瑰红呈黄色，有碱时呈玫瑰红色，碱性物质的加入量与颜色的深浅成正比。

试剂：玫瑰红酸（0.5g/L乙醇溶液）

方法：向盛有5ml牛乳的试管中加入5ml玫瑰红酸液，用手指堵住管口，摇匀。乳中若无碱性物质则呈黄色，有碱存在呈玫瑰红色，其加入量与颜色的深浅成正比，在检验时同时做对照试验。

②掺水检验

牛乳掺入水后，使牛乳中各种组成成分的含量降低，并使其物理性质发生改变。因而可利用牛乳中非脂乳固体的含量来推算其掺水量。

一般牛乳的非脂乳固体质量分数在8.5%以上，若牛乳的非脂乳固体含量低于8.5%的即可 疑为掺水。但由于不同牛乳样品内所含非脂乳固体变化幅度较大，如果掺入的水量很少，就不易发觉。

检定牛乳是否常掺水，冰点测定方法是一个最为准确的方法，可以用专用冰点仪直接进行检测。

③葡萄糖类物质的检验

乳农为了提高鲜乳的密度和脂肪、蛋白质等理化指标，常在鲜乳中掺入含葡萄糖的物质如葡萄糖粉、糖稀、糊精、脂肪粉、植脂末等。

原理：葡萄糖粉、糊精、脂肪粉、植脂末中都有含量不等的葡萄糖。葡萄糖具有还原性，在加热的强碱液中能使铜离子 Cu^{2+} 还原为亚铜离子 Cu^{+}，班氏定性试剂是一种在碱性中含有铜离子柠檬酸钠的复合剂，葡萄糖能使试剂中的 Cu^{2+} 还原为 Cu^{+}，形成黄色的氢氧化铜或红色的氧化铜。

试剂：班氏定性试剂

检验方法：将班氏液5ml置于大试管中煮沸，随后加被检乳0.5ml，轻摇混合，继续在火焰上直接煮沸1～2min，冷却后观察颜色变化。

判断：正常乳——乳呈浅蓝色

掺葡萄糖乳——如果试管底部有少量绿色沉淀物出现，证明乳中含有葡萄糖。含乳量在0.5%。如果出现多量红棕色沉淀物，表明乳中含有20%的葡萄糖。

现在，也有一些中小企业直接使用医用尿糖试纸进行快速检测。方法：取医用尿糖试纸（各大医药店均有销售），浸入乳样中2s后取出，在2min内对照标准板，观察现象。有含葡萄糖类物质存在时，试纸即有颜色变化。

④ 淀粉、豆浆、面粉类物质的检验

乳农在鲜乳中掺这类物质是为了增加乳的重量和提高密度。由于这类物质在浓缩工艺中常常会发生焦管现象，因此必须加强检验。

原理：碘遇淀粉变为蓝色。

试剂：10g 碘与 40g 碘化钾溶解于 500ml 蒸馏水中。

方法：取乳样 3ml 于试管中，加入 1 滴淀粉试剂摇匀后观察现象。有淀粉存在时，乳样呈现蓝色。

说明：用加热煮沸试验后冷却的乳样灵敏度更高。

⑤乳清粉的检验

乳清粉的价格相对全脂乳粉便宜许多，且全部成分都来源于鲜乳，因此用常规的化学方法很难分辨。由于乳清粉的脂肪含量一般都≤1.2%，蛋白质含量≤12%，乳糖含量则≥75%，我们可以使用乳成分分析仪快速测定理化指标。在生产中，有些掺有乳清粉的鲜乳脂肪含量甚至低于蛋白质含量，此时检测鲜乳中的乳糖含量，如果乳糖≥4.80%，则可判定该原料生乳中掺有乳清粉。

⑥尿素的检验

有些乳农会在鲜乳中加入尿素来提高蛋白质含量。

原理：尿素与亚硝酸盐在酸性溶液中发生反应生成二氧化碳气体逸出，而亚硝酸盐可与格里斯试剂发生偶氮反应生成紫红色染料，掺尿素就会影响该反应的发生。

试剂：格里斯试剂（称取 89g 酒石酸，10g 对氨基苯磺酸和 1g α—萘胺，在研钵中研细混匀后装入棕色瓶备用）；浓硫酸；0.05%亚硝酸钠溶液。

方法：取被检样乳 3ml 放入大试管中，加入 0.05%亚硝酸钠溶液 0.5ml，加入浓硫酸 1ml，将胶塞盖紧摇匀，待泡沫消失后向试管中加入约 0.1g 格里斯试剂。充分摇匀，待 25 分钟后通过颜色变化进行结果判定，乳样颜色变化与判定结论对照如表 3—5 所示。

表 3—5　乳样颜色变化结果判定表

乳样颜色	掺假试验	判定结论
紫红色	不含尿素	合格乳
不变色	含尿素	异常乳

注：与正常牛乳作对照试验，其结果会更为准确。

⑦水解动物蛋白粉的检验

水解蛋白粉是用废皮革、毛发等下脚料加工提炼而成，其中的重金属含量以及亚硝酸盐等致癌物质的含量较高，长期食用含有水解蛋白粉的牛乳或乳粉，会对人体造成极大的伤害。

原理：用硝酸汞沉淀方法除去乳酪蛋白，但水解蛋白不会被除去，并与饱和的苦味酸溶液产生沉淀反应。

试剂：除蛋白质试剂（硝酸汞 14g，加入 100ml 蒸馏水，加浓硝酸 2.5ml 加热助溶，待试剂全部溶解后加蒸馏水至 500ml）；饱和苦味酸（称取苦味酸 3g，加入 200ml 蒸馏水）

方法：取 5ml 乳样，加除蛋白试剂 5ml 混合均匀，过滤，沿滤液试管壁慢慢加入饱和苦味酸溶液约 0.6ml 形成环状接触面，按环层颜色变化判定结果如表 3—6 所示。

表 3—6　环层颜色变化与判定结果对照表

环层颜色	掺假试验	判定结论
清　亮	不含水解动物蛋白	合格乳
白色环状	含水解动物蛋白	异常乳

第三节　净乳分离

一、净乳

原料乳的质量好坏是影响乳制品质量的关键，只有优质的原料乳才能保证优质的产品。为了保证原料乳的质量，在原料乳加工之前必须要进行一系列的净乳措施。许多国家都有法律规定：牛乳必须要经过净乳处理，这是因为如果微生物隐藏在牛乳的颗粒或结块中，则会降低巴氏杀菌的效果。

净乳方法主要有过滤法及离心净乳法。

1. 过滤

过滤的方法，可以使用纱布过滤，也可以使用过滤器进行过滤。

(1) 纱布过滤法

将消毒过的纱布折成3～4层，结扎在乳桶口上，挤乳员将挤下的乳经称量后倒入扎有纱布的乳桶中，即可达到过滤的目的。用纱布过滤时，必须保持纱布的清洁，否则不仅失去过滤的作用，反而会使过滤出来的杂质与微生物重新侵入乳中，成为微生物污染的来源之一。在乳牛场要求纱布的一个过滤面不超过50kg乳。使用后的纱布，应立即用温水清洗，并用0.5%的碱水洗涤，然后再用清洁的水冲洗，最后煮沸10～20min杀菌，并存放在清洁干燥处备用。

(2) 过滤器过滤法

主要通过不同大小的孔径来过滤牛乳中的大颗粒物质，其优越性：过滤性能可靠，有足够的过滤面积，拆卸滤芯、滤网清洗方便。常用的过滤器有双联过滤器和管道过滤器。双联过滤器具有过滤面积大，可以切换使用或者轮换使用，以便达到清洗时可以不间断地工作。典型的过滤器如图3－2所示。

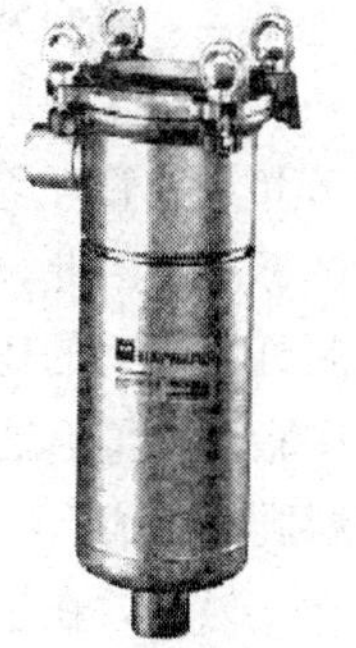

图3－2 过滤器

首先，在受乳槽上装上过滤网并铺上多层纱布，也可以在乳的输送管道中连接一个过滤套筒，或在管路的出口一端安放一个布袋进行粗滤。其次，可以使用双筒过滤器或双联过滤器进一步过滤。

过滤器具、介质必须清洁卫生，滤芯、滤网不光在过滤中因大颗粒物质堵塞而需要清理和清洗，就是在CIP就地清洗时也必须把物料管路中的过滤器滤芯、滤网拆下进行CIP清洗，否则滤网或滤布就会成为细菌和杂质的污染源。滤布或滤筒通常在连续过滤5000～10000L的牛乳之后，需要更换、清洗并灭菌。一般连续生产都设有两个过滤器交替使用。过滤必须在杀菌之前进行。

2. 离心净乳

原料乳经过数次过滤后，虽然除去了大部分的杂质，但是，由于乳中污染了很多极为微小的机械杂质和细菌细胞，难以用一般的过滤方法除去。为了达到最高的纯净度，一般采用离心净乳机净化，在巴氏杀菌前除去乳中的固体杂质、乳房细胞、白细胞、白血球、红血球和微生物等。

离心净乳法主要借助于净乳机高速旋转所产生的离心力，把牛乳中比重大的杂质甩向离心机分离钵的侧壁，而达到净乳的目的。

离心净乳一般设在粗滤之后，冷却之前。净乳时的乳温在30℃～40℃，在净乳的过程中，要防止泡沫的产生。一般情况下，净化低温牛乳（4℃～15℃），净乳机可连续运转18h；如果净化高温牛乳（57℃），则仅可以连续运转4h。

二、离心分离

原料生乳中的脂肪和非脂乳固体等的含量随着乳牛品种、地区、季节和饲养管理等因素的不同而有较大的差别，可能大大高于或低于规定的标准。因此，加工前需要进行标准化，目的是调整原料乳中脂肪和非脂乳固体间的比例关系，保证原料乳含有规定的脂肪含量；如果原料乳中脂肪含量不足，可以通过添加或分离稀奶油或一部分脱脂乳来调整原料乳的组成。牛乳分离的目的就是将原料乳分成稀乳油和脱脂乳两部分。

另外，在生产脱脂乳粉、低脂乳粉、干酪素、奶油等产品时，须对原料乳进行部分或全部分离，以满足生产的需要。

1. 离心分离的原理

牛乳的离心分离是通过分离机分离钵的高速旋转所产生的离心力，将比重不同的脱脂乳与稀乳油分开。

分离机中的主要部件是分离钵，内装有许多不锈钢制的锥形碟片。牛乳自分离机的上部或下部通过进料管进入分离钵的中心管，然后进入碟片分界面，以薄层方式流经片距为0.3～0.4mm的碟片之间，比重较小的脂肪流向主轴方向，而脱脂乳流向周壁方向，从而分别将稀乳油和脱脂乳从排出孔排至系统外部。

2. 牛乳预热

牛乳在分离前要进行预热，主要有以下目的：

（1）减低牛乳的黏度，有利于分离，使脱脂乳的含脂率下降，提高分离效果。

（2）便于分离出牛乳中的杂质及乳中一部分卵磷脂、酶及微生物。

（3）由于乳温的升高，使得脂肪及乳浆的比重均下降，但脂肪下降的比重更大，增加了两者的比重差，便于分离。通常预热温度越高，分离效果会越好。但预热温度的升高会对牛乳质量有影响。因此一般控制在45℃～55℃之间。

3. 影响分离效果的因素：

要获得良好的分离效果，除了分离机需要合理的设计和精确的加工外，还须注意在使用时正确掌握操作条件，使脱脂乳残留的脂肪含量达到0.01％～0.05％的要求，否则难以达到应有的分离效果。影响分离效果的因素主要有以下几点：

（1）转速

分离机在旋转时产生的离心力与转速的平方成正比，转速越快，则分离效果越好。但由于受到机械结构和材料强度等方面的限制，转速不能无限制的提高。一般转速控制在7000r/min以下。

（2）牛乳的流量

进入分离机中的牛乳的流量应低于分离机的产量。若流量太大，牛乳中的脂肪球受到离心作用的时间较短，脂肪球难以分离完全，造成脱脂不完全，影响稀奶油的得率。

（3）牛乳的脂肪球大小

从斯托克定律可知，脂肪球上浮速度与其半径平方成正比。脂肪球直径越大，分离效果越好，但牛乳中还存在着大量的小的脂肪球。目前，可以分离出的最小的脂肪球直径为1mm左右。

（4）牛乳的清洁度

牛乳虽然经过净化，但不可避免地还有部分杂质残留，这些杂质会聚集在转鼓内壁，工作时间越长，杂质含量越多，则杂质层越厚，转鼓内有效容积越小，从而影响分离效果，所以定时清洗是十分必要的。

（5）牛乳的温度

分离时，牛乳的温度对分离效果有很大影响，乳温提高，黏度降低，脂肪球的分离速度加快。与此同时，脂肪球与脱脂乳的密度差增大，也可提高分离效果。另外，由于乳温的提高，降低了乳脂肪球吸附层的水合作用，有利于脂肪球与脱脂乳的分离。一般温度控制在35℃～40℃；对封闭式分离机，温度可达到50℃，再高就会引起蛋白质的凝固。

（6）碟片的结构

碟片的加入对提高分离效果关系很大，其分离能力随着碟片最大半径和最小半径两者之差的增大而增大，但也要考虑分离机的机械结构和仰角。一般碟片平均半径与高度的比值为0.45～0.70，仰角以45℃～60°为佳。

（7）稀奶油含脂率的控制

在分离机的稀奶油出口处，有一调节器，内有一细小的调节螺钉，向里旋入，减少稀奶油回转内侧半径，可得密度小、含脂率高的稀奶油；向外旋出，则得密度大、含脂率低的稀奶油。按照稀乳油约为原料生乳含量的1/10的比例调节牛乳流量，则可保持稀乳油脂肪含量在30%～40%的范围。

第四节 配料标准化

原料生乳中的脂肪和非脂乳固体的含量随着乳牛品种、地区、季节和饲养管理等因素不同而有较大的差别，可能大大高于或低于规定的标准。因此，加工前需要进行标准化，目的是保证牛乳含有规定的脂肪含量。但国与国之间标准变化很大。通常低脂乳含脂率1.5%，常规乳为3%，但也有含脂率低到0.1%或0.5%，脂肪是重要的经济因素，牛乳的标准化必须非常精确。

一、标准化的原理

标准化的方法是利用分离机的离心力，先将牛乳分成稀乳油和脱脂乳两部分，分离出的脂肪数量取决于分离机的种类，流速及脂肪球的大小。直径<1μm的脂肪球不能被分离出来；流速降低，则脂肪球有更长的时间上浮而进入稀乳油中，脱脂效率增加。然后按计算的比例，通过添加稀乳油、脱脂乳或者乳粉，使脂肪、蛋白的含量达到要求的标准。

将原料生乳分成稀乳油及脱脂乳两部分以后，原料生乳中的脂肪进入稀乳油，脱脂乳中不再含有脂肪。说得更准确一些，脱脂乳中只含有极少量的脂肪，这部分脂肪的脂肪球极小，不易彻底分离出来，稀乳油中除了含有原料生乳中的全部脂肪外，还含有与脱脂乳几乎完全相同的非脂乳固体。稀乳油中脂肪含量的多少，随分出的稀乳油的数量而变化。分出的稀乳油越多，稀乳油中的脂肪含量越低。稀乳油数量可在分离机操作时进行调节。一般来说，分离出来的稀乳油数量为原料生乳数量的10%左右，其脂肪含量为30%～40%。如果所有其他的参数都是常数，那么从分离机中分离出来的稀乳油和脱脂乳的脂肪含量也是常数。无论是人工控制还是计算机控制，标准化的原理是一致的，如图3—3所示。

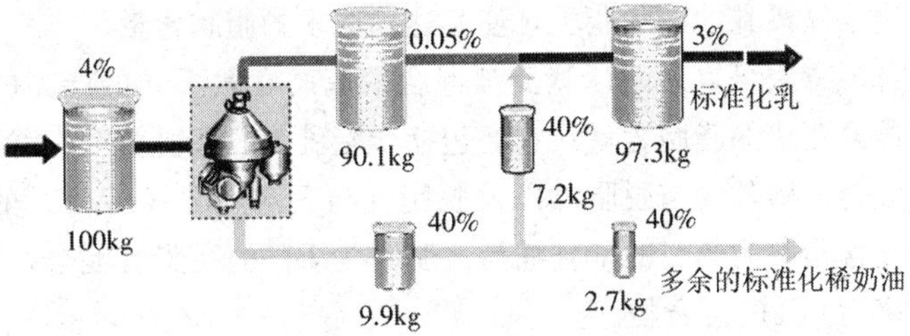

图3—3　标准化原理示意图

二、标准化的计算

标准化系统利用进出分离机牛乳的脂肪量恒定的原理进行计算，使用密度传感器测量乳油的密度，通过改变乳油出口的控制阀门来得到一定脂肪含量的乳油。向脱脂乳中添加乳油，通过调整添加量得到一定含脂量的标准化乳。不管进入分离机的原料生乳含脂率和流速是否变化，从分离机流出来的稀乳油的含脂率都能调整到要求的标准，并保持在这一水平上。用于生产搅打稀乳油的稀乳油含脂率通常设定在35%到40%，但也可设定为其他标准，例如生产乳油或其他类型的稀乳油。经过标准化设备之后，稀乳油分成两路：一路接着进行均质，同时保证有适当的每小时流过的容积来达到市乳最后所要求的含脂率；另一路为多余稀乳油，被送到稀乳油加工车间。在部分均质中，均质机也需要和脱脂乳生产线相连接，这样保证均质机一直有足够的物料使其正常运转。因此，相对低流速的稀乳油用脱脂乳进行补充达到额定的生产能力。

有许多方法可以用于计算要被混合的脂肪含量不同的产品的数量，以获得最终要求的脂肪含量。它们包括全脂乳与脱脂乳混合，稀乳油与全脂乳混合，稀乳油与脱脂乳以及脱脂乳与无水乳油（AMF）的混合。

1. 脂肪标准化（standardization of fat content）

（1）产品混合的基本计算方法

脂肪含量的标准化包括牛乳的脂肪含量或乳制品的脂肪含量的调整，通过添加稀乳油或脱脂乳，使其达到要求的脂肪含量。

有许多方法可以用于计算要被混合的脂肪含量不同的产品的数量，以获得最终要求的脂肪含量。它们包括全脂乳与脱脂乳混合，稀乳油与全脂乳混合，稀乳油与脱脂乳以及脱脂乳与无水乳油（AMF）的混合。多少公斤含脂率为A%的稀乳油与含脂率为B%的脱脂乳混合，就可获得含脂率为C%的混合物。

（2）直接在管线上标准化

在拥有多种产品生产能力的现代化乳品加工厂中，直接在管线上标准化通常与分离配合进行。以前，标准化是手工完成的，然而，随着加工量的增加，对快速、稳定、准确且不受原乳脂肪含量波动影响的标准化方法要求越来越高。现在通常用控制阀、流量计、密度计和计算机化控制环路来调节原乳和稀乳油的脂肪含量，以达到要求的值，这种装置通常被组成一个单元，如图3－4所示。

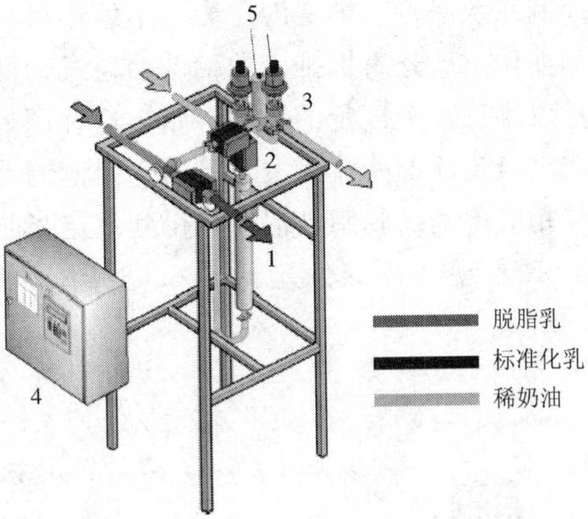

图 3—4　直接在管线上标准化的加工单元

1. 密度传感器　2. 流量传感器　3. 控制阀　4. 控制盘　5. 截止阀

多数情况下，牛乳进入分离机之前，通常要在巴氏杀菌器中加热到55℃～65℃。在分离中，稀乳油标准化到预定的脂肪含量，通过计算，用于牛乳标准化的稀乳油的量分一支路与适量的脱脂乳再混合，剩余的稀乳油直接进入稀乳油巴氏杀菌器。

(3) 稀乳油脂肪控制系统

从分离机中分离出的稀乳油的脂肪含量由稀乳油的流量决定。稀乳油的脂肪含量与它的流量成反比。所以在一些标准化系统中使用流量来控制脂肪含量。只要全脂乳的温度和脂肪含量在进入分离机之前是一定的，那么这种方法是又快又准确的。

各种类型的仪器可以用来连续测量稀乳油的脂肪含量。仪器发出的信号调节稀乳油的流量从而获得正确的脂肪含量。这种方法精确并且牛乳的温度和脂肪含量的变异非常敏感。然而，当它们发生变化时，控制系统动作较慢，要重新调回到正确的脂肪含量需要一段较长的时间。

(4) 完整的直接标准化生产线

图 3－5 所示是一条完整的直接标准化生产线。脱脂乳的出口

(5) 处的压力控制系统保持了恒定的压力。不管出口后下流区域设备仪器压力降波动如何，从分离机排出的稀乳油通过稀乳油调节系统调节稀乳油的流量以维持一个恒定的脂肪含量。这种调节与进来的全脂乳的脂肪含量或出口流体的变化无关。最后，比例调节器将一定脂肪含量的稀乳油与相应比例的脱脂乳混合，得到规定脂肪含量的标准化乳。对于牛乳，具重现性标准偏差低于 0.03% ，对于稀乳油低于 0.2%~0.3%。

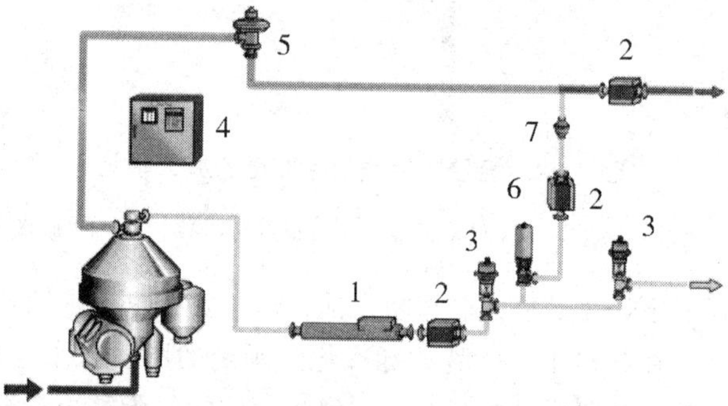

图 3—5　完整的直接标准化生产线

(5) 脂肪标准化的一些方法

在干酪生产过程中，有时需要依据非脂乳固体的含量来标准化脂肪。为此，在与分离机相连的脱脂乳管线上安装第二个密度传感器，就可以满足这个要求。在此，密度传感器有两个作用：为了增加脂肪标准化的精度和密度值，是用于计算非脂固体（SNF）含量的基础。

其他的标准化方法也是可行的，例如，添加已知脂肪含量的稀乳油（乳清稀乳油），这种方法有时在标准化牛乳用于生产干酪时使用。为了利用从乳清中分离出来的稀乳油，对应同体积的普通稀乳油就被“撤”掉。这种装置提供了较高质量的稀乳油用于生产高质量的乳油和各种类型的稀乳油，例如搅打稀乳油。

2. 蛋白质标准化（standardization of protein content）

（1）定义

蛋白质标准化调节牛乳中蛋白质的含量，或从高蛋白质乳中用超滤法除去多余的蛋白质，或加入可溶性乳蛋白等方法，必须用天然的牛乳成分，这样生产的系列产品可称为“蛋白质 x%标准牛乳”。如用其他方法调节，只能称为“蛋白质含量的调整”。

（2）蛋白质标准化与脂肪标准化的区别

脂肪标准化已应用多年，工艺上相对较简单，且从实践出发，牛乳脂肪具有相似的、均匀的组成，其具有相对较低的密度，非常容易与脱脂牛乳分开。因此，许多乳品生产企业常采用脂肪标准化。但蛋白质的标准化问题是近年来国际乳品界一直在探讨和谋求法规化的热点问题。虽然蛋白质标准化不仅仅具有技术价值，它在营养、法规、消费者利益、经济学等诸方面都很有意义，但仍有许多技术上的瓶颈问题有待解决。

三、配料

1. 工厂配料的基本原则

工厂配料要遵循以下基本原则：

（1）车间工作人员根据配料所需量准确称量，辅料的添加顺序要严格按照产品工艺标准执行。

（2）将称量准确的辅料倒入剪切罐中进行化料。

（3）化料温度一般是 60℃～70℃，具体还要结合所使用稳定剂的类型进行调整；剪切时间 20min 上下，剪切速度一般是 1000～1500r/min。

（4）用 200 目的双层滤布对化好的料进行过滤 。

（5）过滤后的配料流经胶体磨，将配料中的较大颗粒磨碎，其作用相当于均质机。

（6）磨过的配料要经过管道过滤器过滤，除去配料中的杂质或较大颗粒。

（7）加工完的配料贮存在预混罐中，待抽检合格后与贮乳仓中的合格鲜乳进行预混。

2. 配料系统

配料系统一般由混料罐和混料机组成，混料机包含混合器、循环泵和真空泵，真空泵工作将添加剂吸入混料容器，添加剂在热水的溶解作用和混合器的机械作用下充分混合，循环泵能实现与混料罐之间的生产循环。

生产中常使用的设备有以下几种：

（1）高剪切配料罐

这种设备采用高剪切乳化机作为配料动力，特别适用于大颗粒粉料的粉碎，油脂类物料的乳化及混合搅拌，也可用于较高黏度的各种添加剂的加入。一般经搅拌 10min 左右，即能达到混合乳化的效果。然后即可将液料送至配料罐中混合。

（2）套管式高速水粉混合机

该设备适用于可溶性固态物与液态物的混合与溶解。如：乳粉还原、可可粉或糖溶入牛乳、溶解乳清、稳定剂和牛乳混合、维生素和矿物质的添加等。

（3）高效混合机

该设备采用特殊的高效混合叶轮，产生极大的混合能力。方形结构的罐体，有利于混合的效果。适用于需进行大批量配料的场合和再制乳及各种花色乳的配制。

（4）高负压配料系统

这是一种比较先进的配料系统，适用于一些大中型乳品、饮料生产厂的配料工序，对有批量配料要求的再制乳、酸乳、花色乳及其他液态食品的生产。

系统的混料缸工作时呈负压状态，能将需添加的固态粉料，通过管道从粉仓自行吸入混料缸；也能有效去除混料过程中由于各种原因产生的气体，从而减少泡沫形成，有利于后续工艺的加工。

3. 一些特殊的配料

乳品中有一些辅料和产品有其各自的配料方法和工艺，下面就详细讨论一些辅料和产品的配料。这些辅料在水或乳的溶解作用和混合器的机械作用下充分混合，循环泵能实现与混料罐之间的生产循环。

（1）果蔬辅料的质量控制和添加

为了强化风味和营养，常在乳酸饮料中加入一些果蔬原料。由于这些物料本身的质量或配制饮料时预处理不当，使饮料在保存过程中引起感官质量的不稳定，如饮料变色、褪色、沉淀等。因此在选择及加入果蔬辅料时应经过多次小试验，保存试验至少应在一个月以上。果蔬辅料的色泽也是影响消费市场的重要因素之一，良好的色泽有助于产品的销售。果蔬物料本身所含的色素会受到一些因素的影响而发生褪色现象，如pH、光照、酶和金属等。在生产中可考虑加入一些抗氧化剂，如维生素E、维生素C、儿茶酚、EDTA等，对果蔬物料的色泽具有良好的保护性能。

（2）维生素的强化和其他功能性物质的添加

根据维生素对热的敏感性不同，可以将强化维生素牛乳的生产工艺分为热敏感性维生素和热稳定性维生素。热敏感性维生素类产品一定要注意避免对维生素进行热杀菌，一般可以采用微膜过滤杀菌，生产线上可以在灌装段前安装在线无菌添加装置；热稳定性类产品的加工比较简单，可将维生素（如维生素D、维生素E）直接投入到配料缸，然后进行均质、杀菌、灌装等操作。

目前，功能性食品添加剂和配料是当今国内外食品工业新的增长点，也成为国内外竞相开发的热点。近年国内外较具开发前景的功能性配料有类胡萝卜素、番茄红素、大豆异黄酮、绿茶提取物茶多酚、葡萄皮及籽的提取物等。

（3）可可粉配料

可可粉中含有大量的芽孢，同时含有很多颗粒，为保证灭菌效果以及改善产品的口感，在加入到牛乳中前可可粉必须经过处理。一般可可粉的质量不同，采用的热处理强度也不同。生产实践中，一般先将可可粉溶解于热水中制成可可浆，并经 85℃～95℃/20～30min 热处理后冷却，再加入牛乳中。这是因为可可浆受热后，其中的芽孢菌因为生长条件不利而变成芽孢，可可浆再冷却后这些芽孢又因生长条件有利而变为营养细胞，这样在后续的灭菌工艺中就很容易被杀灭。

目前，大多数乳品企业都选择使用碱化可可粉，高质量的碱化可可粉是生产高品质的巧克力乳饮料的关键因素之一。这是因为碱化能降低可可的酸度，使其具有令人满意的色泽、风味及良好的分散性，而未碱化的天然粉的 pH 值与牛乳相差较大，加入后会引起牛乳 pH 值的变化，从而影响蛋白质的稳定性。同时，为防止可可颗粒沉淀及保护均质机的均质头，可可粉中的壳含量及可可粉的粒度应控制在一定的范围。如表 3－7 所示是生产巧克力乳饮料所用可可粉的推荐标准。

表 3－7　可可粉推荐使用标准

pH	6.8～7.2
可可壳	＜1.75%
粒度	99.5%通过 200 目
矿物质	5.9%
脂肪	10%～12%
解脂酶活性	阴性
细菌总数	＜5 000cfu/ml
霉菌数	＜50cfu/ml
酵母数	＜50cfu/ml
大肠菌群	阴性
嗜热芽孢总数	＜200cfu/ml
嗜温芽孢总数	＜500cfu/ml

（4）发酵乳的制备

①发酵前原料生乳成分的调整

酸乳中凝乳的形成是由于乳酸菌在发酵过程中将牛乳中的乳糖分解成乳酸，随着发酵过程的进行，乳的酸度逐渐增加，因此牛乳中酪蛋白所带的负电荷逐渐消失。pH值为4.6时，酪蛋白所带的电荷完全消失，酪蛋白颗粒互相聚合形成三维网状结构，这样就形成了酸乳凝块，由此可以看出乳中的蛋白质含量会直接影响到酸乳的黏度、组织状态及稳定性，且发酵后要与果汁、香料、糖类混合，因此发酵前最好将非脂乳固体含量调整至10%～15%，这可通过添加脱脂乳粉等来实现。

②发酵剂的制备

液态发酵剂中的母发酵剂、中间发酵剂一般由乳品厂化验室制备，而生产用的工作发酵剂由专门发酵剂室或酸乳车间生产。所用培养基为脱脂乳粉，一般控制干物质含量稍高，必要时可添加生长因子促进因子。对工作发酵剂的培养基必要时也可考虑使用原料生乳。母发酵剂和中间发酵剂的制备需在严格的卫生条件下，制作间最好有经过过滤的正压空气，操作前小环境要用400～800mg/L次氯酸溶液喷雾，操作过程应尽量避免杂菌污染。每次接种时容器口端最好用200mg/L次氯酸溶液浸湿的干净纱布擦拭以防止噬菌体的污染。母发酵剂一次制备后可存于0℃～6℃冰箱中保存。对于混合菌种，每周活化一次即可。考虑到母发酵剂在活化过程汇总可能会带入杂菌、酵母、霉菌或噬菌体的污染，为保证产品质量，应定期更换它，一般最长不超过一个月。工作发酵剂的制备工艺流程如图3－6所示。

脱脂乳、新鲜牛乳或复原脱脂乳（总固形物含量10%～20%）

↓

加热到90℃保持30～60min

↓

冷却到43℃

↓

接种←中间发酵剂或冻干菌种

↓

发酵到酸度大于0.8%

↓

工作发酵剂

图3－6　工作发酵剂的制备工艺流程

（5）乳酸菌饮料配料

发酵过程结束后要进行冷却和破碎凝乳，破碎凝乳的方式可以采用边破乳边混入已杀菌的稳定剂、糖液等混合料。一般乳酸菌饮料的配方中包括酸乳、糖、果汁、稳定剂、酸味剂、香精和色素等，厂家可根据自己的配方进行配料。在长货架期乳酸菌饮料中最常用的稳定剂是果胶，或果胶与其他稳定剂的混合物。果胶对酪蛋白的颗粒具有最佳的稳定性，因为果胶是一种聚半乳糖醛酸，它的分子链在 pH 为中性和酸性时是带负电荷的，因此将果胶加入到酸乳中时，它会附着于酪蛋白颗粒的表面，使酪蛋白颗粒带负电荷。由于同性电荷互相排斥，因此避免了酪蛋白颗粒间互相聚合成大颗粒而产生沉淀。因为果胶在 pH 值为 4 时最稳定，故最好在杀菌前将乳酸菌饮料的 pH 调整至 3.8～4.2。

（6）调配型酸性含乳饮料

调配型酸性含乳饮料最适宜的稳定剂是果胶或果胶与其他稳定剂的复配物。由于果胶的成本较高，国内厂家通常采用其他一些胶体作为稳定剂，如耐酸性羧甲基纤维素（CMC）、黄原胶和海藻酸丙二醇酯（PGA）等。其中 CMC 的使用最为广泛，CMC 与其他胶体复配使用能产生协同增效作用，另外柠檬酸钠等螯合盐也可增强其黏度。一般先把稳定剂和原辅料用水溶解后，与原料乳充分混合，再在搅拌的情况下慢慢加入酸味调节剂混合液，将 pH 调整至 3.8～4.2。有的工厂生产中，也将部分酸味调节剂在混料的时候加入，无论何时加入，都要保证酸味调节剂和料液的温度要尽量低。

（7）稳定剂的溶解

稳定剂可以在高速搅拌（2500～3000r/min）下，缓慢地加入冷水中或溶解于 80℃的热水中；也可以将稳定剂与其质量 5～10 倍的砂糖干混均匀，然后在正常搅拌速度下加入到 80℃～90℃的热水中溶解。

①CMC 化料

CMC 的溶解一般按 0.5%～2%的水溶液溶解，溶解前最好与 5 倍以上的白砂糖干法混合均匀，然后再缓缓加入到 65℃～70℃搅拌的热水中，最好用高速混料器溶解，待 CMC 溶解约 15～20min 后，通过胶体磨一遍，降温至 20℃～40℃备用。

②果胶化料

果胶能发挥稳定作用的前提条件是它能完全溶解，而果胶完全溶解的首要条件是它可以均匀分散于溶液中，不能结块。一旦结块，果胶将非常难溶解于水。通常果胶在 pH 值 4.6 以下时稳定性最佳，糖的存在对果胶能起到一定的保护作用，但温度升高会加速果胶的分解。稳定剂若溶解不充分，不能完全均匀分散在体系中，也会造成沉淀及分层。

③卡拉胶化料

卡拉胶具有形成亲水胶体、凝胶、增稠、乳化、成膜、稳定分散等物理化学特性，可作为凝胶剂、乳化剂、增稠剂或悬浮剂使用。在乳制品中，卡拉胶主要作用是增稠、稳定、赋形、悬浮、凝胶等。溶解前最好与白砂糖干法混合均匀，然后再缓缓加入到 70℃～75℃搅拌的热水中，最好用高速混料器溶解。

4. 使用复原乳配料的基本要求

有些乳品企业由于受到条件的限制或特定产品的需要，会使用复原乳进行配料。其中，乳粉的还原是非常关键的程序，操作不当会直接影响成品的性质。

（1）对乳粉溶解用水的要求

复原乳使用的水必须具有优良的饮用质量，不含有害微生物并具有可接受的低硬度，用碳酸钙（$CaCO_3$）表示如＜100mg/L，因为在乳粉生产中被去掉的水分为“蒸馏水”，因此生产复原或再制乳制品所需的水也必须纯净。水中过量的矿物质会危及复原乳的盐平衡，在后续巴氏杀菌中导致问题，对 UHT 处理或二次灭菌加工的影响更大。水中过量的铜或铁将会催化脂肪氧化而导致乳异味，Cu（铜）含量应小于 0.05mg/L，Fe（铁）含量应小于 0.1mg/L。

（2）对乳粉水合的温度时间要求

水合温度直接影响乳粉的润湿性，水温从 10℃增加至 50℃过程中乳粉的润湿性随之上升，50℃～100℃间，温度上升，润湿度随温度的上升不再增加且有可能下降。因此低温处理乳粉比高温处理乳粉易于溶解，一般选择范围是40℃～50℃。

乳粉中的蛋白在水合过程中回复到其一般的水合状态是很重要的，这一过程在40℃～50℃条件下至少需20min，用于生产干酪的再制乳在溶解时需要两个小时的水解。一般情况下新鲜的、高质量乳粉所需水合时间最短，水合时间不充足将导致最终产品带有“粉笔末”缺陷。复原乳不能在高混合温度下保存超过两小时，因为这样细菌将增长。

四、冷却

1. 加热和灭菌

乳制品加工的主要目的是杀灭微生物，提高产品的可贮存性，因此，热加工是乳制品加工的主要手段。乳制品热加工主要通过蒸汽、水和乳的热交换形成。乳制品生产中的蒸汽由饮用水产生，可用于热交换器、夹层罐的加热或保温，也可以将蒸汽注入产品内部快速升温灭菌。直接注入产品中的蒸汽因为最终保留于产品中，因此又比其他用途蒸汽要求更为严格，需使用经过批准的锅炉除垢剂产生的、通过分离器、经过滤后由不锈钢管道输送，经过检验（如蒸汽冷凝水的混浊度、异物及杂质）的蒸汽。

2. 冷却

制冷系统也是乳品厂必备的设施之一，主要通过换热器的热交换作用或者冰水、物料之间的热交换作用进行制冷。对于原料乳、半成品，需要冷却到约4℃以下才具有较好的保存性质。对于生产过程中的贮乳罐、发酵罐、杀菌或灭菌机、包装机等所用的冷却水，也需要制冷系统提供冷源。目前我国大多数乳品厂采用氨活塞压缩式强制制冷系统，具有设施简单、操作便利、运行费用低廉的特点。但由于氨具有毒性、刺激性味道，与空气混合成一定比例后有爆炸危险，因此，在使用过程中要定期对制冷系统进行检修，防止氨泄漏，以保证人员的安全性和制冷效果。

（1）收乳时段的冷却

牛乳中含有丰富的营养物质，正是繁殖细菌的最好培养基。牛乳刚被挤出时的温度为37℃，也是微生物繁殖最适宜的温度，如不及时冷却，混入乳中的微生物就会迅速繁殖。因此，刚挤出的乳迅速冷却，是保证鲜乳较长时间保持新鲜度的必要条件，通常可以根据储存时间的长短选择不同的方法：

①水池冷却

将装乳桶放在水池中，用冷水或冰水进行冷却，可使乳温度冷却到比冷却水温度高3℃～4℃。水池冷却的缺点是冷却缓慢，消耗水量较多，劳动强度大，不易管理。

②浸没式冷却器冷却

这种冷却器可以插入贮乳槽或乳桶中冷却牛乳。浸没式冷却器中带有离心式搅拌器，可以调节搅拌速度，并带有自动控制开关，可以定时自动进行搅拌，可使牛乳均匀冷却，并防止稀乳油上浮，适用于乳站和较大规模的牧场。

③板式热交换器冷却

目前许多乳品厂及乳站都用板式热交换器对乳进行冷却。板式热交换器克服了表面冷却器因乳液暴露于空气而容易污染的缺点，用冷盐水作冷媒时，可使乳温迅速降到4℃左右。

保证清洗用水的高卫生质量是很重要的，一些微生物如嗜冷菌主要存在于土壤和水中，也可以在4℃贮存的乳中生长，48～72h后导致脂肪和蛋白质分解，使乳制品产生异味并危害产品质量。在定期收乳的情况下必须考虑这一现象，如果收乳间隔长是不可避免的，则建议应将乳冷却到2℃～3℃。

（2）加工时段的冷却

生产时，产品由平衡槽用离心泵泵入加热灭菌器，这一段在生产中是不起作用的。产品首先由热回收加热器将灭菌后的产品加热至适当温度后进入均质机。产品经过均质机后，继续在热回收段被加热，然后进入蒸汽加热段达到灭菌温度，经过保温管后，产品返回热回收段被初步冷却，然后进入冷却段达到最终冷却温度。背压是通过孔板和背压阀保持的。灭菌温度通过保温管处的温控器调整蒸汽的供应量来实现。当生产中温度降低时，产品回流至夹套缸，清水注满设备，在生产重新开始前，必须进行清洗和灭菌。灭菌后，水冷却器启动，无菌热空气被冷却，冷却后的无菌空气将产品接触表面冷却。这时整个生产前的预灭菌过程结束，包装机进入准备生产状态。冷却后采用一定的容器包装后进行销售。

第五节 灭菌

一、牛乳灭菌技术

食品灭菌技术是食品工业中的核心技术之一。食品的灭菌技术，就是运用各种手段，杀灭食品自身污染的、从食品包装容器带入的、加工与调配过程中由操作人员和设备引入的以及生产环境中存在的各种有害微生物，从而保持食品品质并达到一定保藏期的一种技术。但热处理也会给牛乳带来负面影响，如褐变、风味变化、营养物质损失、抑菌剂失活等。

一般来说，牛乳的灭菌方法很多，在牛乳的生产中多采用的是热处理方法，如表 3—8 所示。

表 3—8 乳品厂中常用杀菌方法

工艺名称	温度/℃	时间
初次灭菌	63～65	15s
低温长时间巴氏灭菌	63	30min
高温短时间巴氏灭菌（牛乳）	72～75	15～20s
高温短时间巴氏灭菌（稀乳油）	＞80	1～5s
超巴氏灭菌	125～138	2～4s
超高温灭菌（连续式）	135～140	4～7s
保持灭菌	115～120	20～30min

二、热灭菌的基础原理

假设原始微生物数 N_0 保持在一定致死温度下，则残存微生物 N 随时间沿半对数曲线下降，即 logN 随时间沿着直线下降，如图 3－7 所示。直线在半对数坐标里的斜率就是该灭菌温度下的热致死率，在一定温度下取决于微生物的类型。

灭菌效率：L＝ KTt

KT＝logN/Nt

式中：N——原始微生物（芽孢）数；

Nt——经一定处理时间 t 处理后的微生物数（芽孢数）；

KT——与温度相关的反应常数；

t——在这一温度下经历的时间；

L——灭菌效率，表示细菌数以 10 的指数倍数减少。L 的数值保持不变但符号变为正值，等式没有负号。

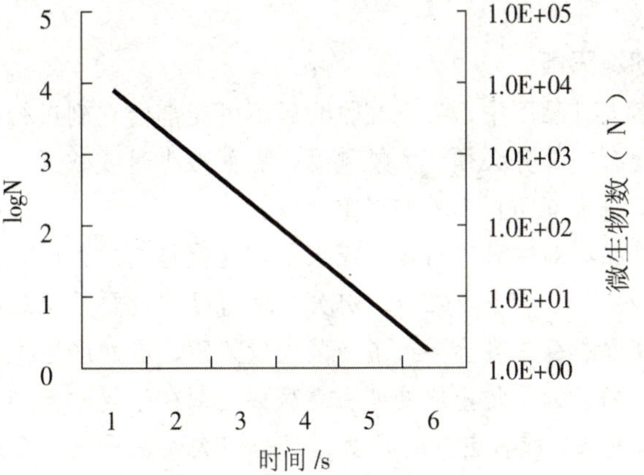

图 3－7　logN 与时间关系曲线

嗜冷菌、嗜温菌和低温菌的营养体对 UHT 热处理很敏感，在超高温灭菌（UHT）热处理过程中将会失去活性，但嗜冷菌的芽孢，包括绝大部分的原生芽孢和部分厌氧芽孢（如柱状芽孢杆菌）和耐热菌的芽孢却是耐热的，因此超高温灭菌（UHT）处理的重要对象是芽孢。如图 3－8 所示，为热灭菌对不同状态下细菌的影响。

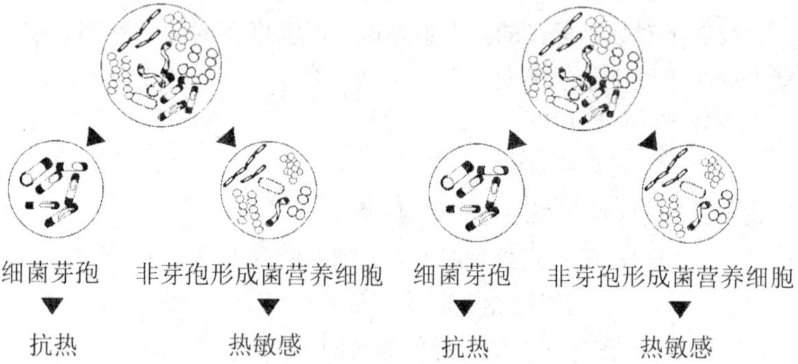

图 3－8　热灭菌对不同状态下细菌的影响

1. 进奶软管　2. 脱气装置　3. 奶泵　4. 流量计　5. 送往贮奶罐　6. 控制盘

三、初次灭菌

在许多大乳品厂中，牛乳在收购后不可能都会立刻进行巴氏消毒或加工，因此有一部分必须在大贮乳罐中贮存数小时或数天，这样即使更深度的冷却也不能防止牛乳的严重变质。

许多乳品厂对牛乳进行预巴氏灭菌，这就是初次灭菌，即把牛乳加热到 63℃～65℃，持续约 15s。初次灭菌的目的主要是杀死嗜冷菌，因为长时间低温贮存牛乳会导致嗜冷菌大量繁殖，进而产生大量的耐热解脂酶和蛋白酶。为了防止热处理后需氧芽孢菌在牛乳中繁殖，必须将牛乳迅速冷却到 4℃或者更低的温度。但是初次灭菌只是一个用于例外情况的措施，实际上牛乳在到达乳品厂后 24h 内应全部进行巴氏灭菌。

四、巴氏灭菌

巴氏灭菌是牛乳加工中的重要工艺之一，目的就是杀灭所有致病微生物。乳品厂主要的巴氏灭菌处理方法有以下几种：

1. 低温长时间灭菌（LTLT）

又称保持式灭菌法，是沿用很久的一种最基本的方法，即将牛乳加热到62℃～65℃，保持30min。该方法一般能杀灭牛乳中的各种生长型致病菌，杀菌率可达99%，但对部分嗜热菌及耐热性菌以及芽孢等则不易杀灭。该方法由于处理时间长，而且不是连续进行的，效率很低，现在只有部分小型厂使用。

2. 高温短时间灭菌或巴氏高温灭菌（HTST）

实际的温度和时间的组合应根据原乳的质量，加工的产品类型，以及要求保存的特性的不同而变化。灭菌温度及时间为72℃～75℃/15～20s或80℃～85℃/10～15s。国际乳品联合会（IDF）推荐，用于牛乳和稀乳油的高温短时杀菌工艺为：新鲜乳72℃～75℃/15～20s，稀乳油（脂肪含量10%～20%）为75℃/15s，稀乳油（脂肪含量≥20%）为≥80℃/15s。

通过这种温度和时间的配合，乳中的磷酸酶被破坏。因此，磷酸酶试验可用来检查牛乳是否进行了适当的巴氏杀菌。实验结果必须是阴性，即不能检出有活性磷酸酶。

高温短时间灭菌通常采用全套灭菌设备，这种方法灭菌时间短，工作效率高，在短时间内可以连续处理大量牛乳，且灭菌效果好。

3. 超巴氏灭菌

超巴氏灭菌（Ultra pasteurization）是一种延长货架期技术，即ESL技术。所采取的措施是尽最大可能避免产品在加工和包装过程中再次污染。这需要极高的生产卫生条件和优良的冷链分销系统。一般冷链温度越低，产品保质期越长，但最高温度不能超过7℃。典型的超巴氏灭菌条件为125℃～138℃/2～4s。

五、超高温灭菌（UHT）

超高温灭菌（UHT）就是使料液迅速升温至135℃以上，然后保持几秒钟，从而实现对料液瞬间的灭菌。超高温灭菌（UHT）产品是指物料在连续流动的状态下通过热交换器加热至135℃～150℃，在这温度下保持一定的时间以达到商业无菌水平，然后在无菌状态下灌装于无菌包装容器中的产品。超高温瞬时灭菌技术的灭菌效果特别好，几乎可达到或接近灭菌的要求，而且灭菌时间短，物料中营养物质破坏少，营养成分保存率达92%以上，大大优越于巴氏杀菌和高温灭菌法。超高温处理是一个在密闭系统中连续的加工过程，这可以防止空气中微生物的污染。

六、二次灭菌

超高温灭菌（UHT）灭菌不能保证将嗜热脂肪芽孢杆菌杀灭，为了杀灭该芽孢杆菌，需要对牛乳进行高温长时间灭菌。高温长时间灭菌采用传统的灭菌方式，也称保持式灭菌，灭菌的条件是115℃～121℃、10～30min。高温长时间灭菌的加工类型有间歇式、半连续式和连续式三类，现广泛采用二段式灭菌即二次灭菌生产保持灭菌乳。

二次灭菌即将牛乳先经过超高温瞬时处理，进行灌装、封合后再进行保持灭菌。由于牛乳在130℃～140℃温度下先进行了预灭菌2～20 s的超高温处理，因此灭菌的条件可相对较温和，从而提高了牛乳的感官质量。二次灭菌是将灌装后的灭菌乳在高压容器内加热至110℃～120℃/15～40min以达到商业无菌的方法。

二次灭菌在牛乳中多用于瓶装乳的灭菌。瓶装灭菌乳是牛乳装到瓶子中，再进行灭菌处理的牛乳，瓶子主要为玻璃瓶和塑料聚酯瓶，后者为目前市场的主要包装形式。

瓶装灭菌乳的灭菌方法有三种：一段灭菌、二段灭菌和连续灭菌。

（1）一段灭菌：牛乳先预热到约80℃，然后灌装到干净的、加热的瓶子中，瓶子封好盖后，放入杀菌器，在110℃～120℃温度下灭菌10～40min。

（2）二段灭菌：牛乳在130℃～140℃预热2～20 s，此预热可在管式或板式热交换器中靠间接加热办法进行或者用蒸汽直接喷射牛乳，当牛乳冷却到80℃后，灌装到干净的、热处理过的瓶子中去，封盖后再入灭菌器进行灭菌。后一段处理不需要像前一段那样强烈，因第二杀菌的主要目的只是为了消除第一段杀菌后灌装重新感染的细菌。

(3) 连续灭菌：牛乳在装瓶封口后，经连续工作的灭菌器灭菌，在连续灭菌器中灭菌可采用一段灭菌，也可采用二段灭菌。乳瓶缓慢地通过杀菌器中的加热区和冷却区往前输送，这些区域的长短应与处理中各个阶段所需求的温度和停留时间相对应。

瓶装灭菌乳的工艺流程：

生乳→净化→标准化→预热→均质→装瓶→封口→杀菌→冷却→装箱入库

七、高酸性产品灭菌

高酸性产品是指产品的酸度在pH4.6以下的产品。由于高酸性产品的pH低，其杀灭的对象主要为霉菌和酵母，巴氏灭菌即能满足要求，长保质期产品采用高温短时的巴氏灭菌就可实现商业无菌。

从理论上来说，高酸性产品采用95℃/30s的灭菌条件即可，大部分工厂对无菌包装的产品采用105℃～115℃/15s的灭菌。对包装于塑料瓶中的产品来说，通常在灌装后，再采用95℃～98℃/20～30min的灭菌。灭菌设备中一般都有脱气和均质处理装置，常用的均质压力为20MPa和5MPa。

高酸性产品经过灭菌处理后，其中的蛋白质会变性而降低产品的黏度和稳定性。不同的灭菌处理对产品的黏度影响不同，从而影响口感和香气。生产中应注意杀菌温度对产品物理和化学性质的影响，过度的灭菌会造成产品稳定性的下降和风味不佳。

八、低酸性产品灭菌

低酸性产品所采用的包装形式主要有无菌包装和塑料瓶包装。与无菌包装产品相比，塑料瓶包装均采用二次灭菌，因此产品的风味较无菌包装产品要差，营养成分损失也较多。但它在运输中有较强的抗机械损伤的能力。对超高温产品来说，灭菌温度通常采用137℃/4s；但超高温可可（或巧克力）含乳饮料的灭菌强度较一般低酸性产品要强，常采用139℃～142℃/4s。对塑料瓶或其他包装的二次灭菌产品来说，一般先采用135℃～137℃/2～3s，灌装后再进行115℃～121℃/15～20min的灭菌，最后冷却至25℃以下。

第六节 乳的浓缩

乳的浓缩就是通过蒸发的方式去除牛乳中的部分水分的过程。牛乳浓缩的目的在于：

①生产浓缩乳制品，例如炼乳、浓缩酸乳等；

②减少在生产乳粉等产品时的干燥费用；

③减少乳制品的贮藏和运输费用并提高其保存质量；

④降低乳中水的活性，以增加牛乳在微生物及化学方面的稳定性；

⑤对部分副产品可以加工利用。

乳的浓缩主要通过真空浓缩、超滤和反渗透等方式实现。

一、真空浓缩

1. 真空浓缩原理：

在21～8kPa的减压条件下，采用蒸汽直接或间接法对牛乳进行加热，使其在低温条件下沸腾，这样乳中的部分水分得以汽化而不断排除，从而达到浓缩的目的。

2. 实现真空浓缩所需要的条件：

①不断提供热量

在牛乳进入真空蒸发器之前要加热到65℃左右，为了保持牛乳的沸腾状态，还要持续提供热量，以实现水分蒸发。

②迅速排除二次蒸汽

牛乳水分汽化所形成的二次蒸汽会阻碍浓缩的进行，因此要及时排除二次蒸汽，一般采用冷凝法是二次蒸汽凝结成水分而被排除。这种不再利用二次蒸汽叫单效蒸发，使用的单效蒸发器如图 3—9 所示；如将二次蒸汽引入另一小蒸发器作为热源利用称之为双效蒸发，三效蒸发器如图 3—10 所示。

3. 真空浓缩的优势

①在真空条件可以降低牛乳的沸点，可以使牛乳在低温下沸腾，最大限度地保持了牛乳的营养价值，避免了成分的损失。

②真空浓缩效率高而且节能。

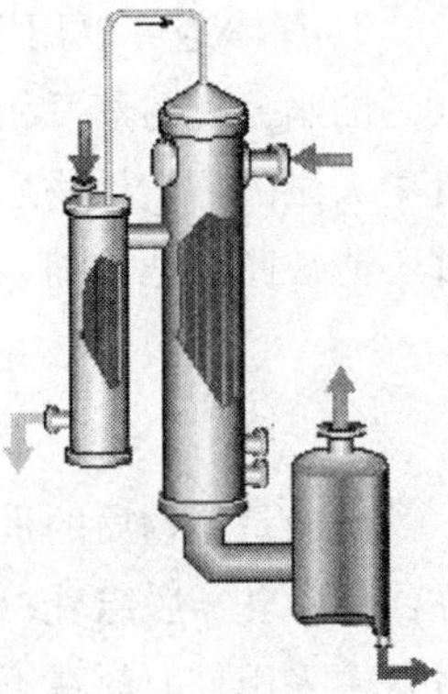

图 3—9　单效蒸发器

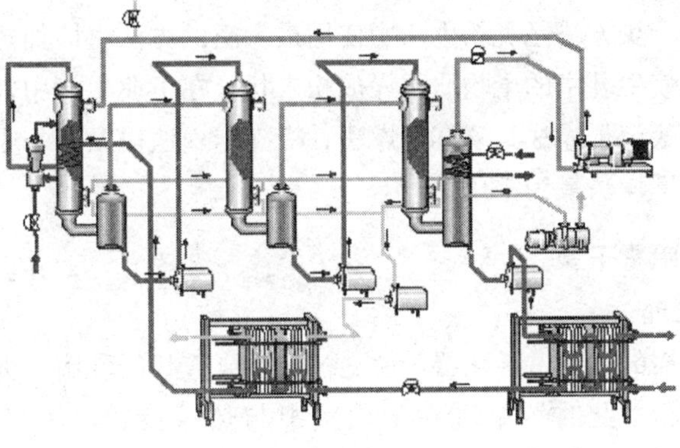

图 3—10　三效蒸发器

二、超滤和反渗透

1. 超滤能有效地从溶液中分类高分子（蛋白质）和微粒（脂肪球、细菌等），在高压下的超滤可以替代电渗析用于脱盐。

超滤在干酪生产中已得到广泛的应用，采用不同的浓缩比对生产干酪的原料乳进行浓缩，可以提高原料乳的浓度，节省发酵剂和凝乳酶的使用，减少酪蛋白和乳清的损失，提高干酪的产率。

2. 反渗透可以用于脱水，对于脱脂乳的浓缩，反渗透可以去除其60%的水分。与蒸发相比，反渗透的优点在于它能够最大限度地保留牛乳中大量的挥发性物质，且耗能更少，但其缺点在于经过反渗透的牛乳并不能被高度地浓缩，同时它的设备和保养等使用成本却很高。

第七节　乳的干燥

干燥是使物质的水分蒸发后变为固体状态的过程。牛乳的干燥一般在使用牛乳、脱脂乳、乳清、奶油等水分含量高的原料来生产乳制品的过程中采用。原料在干燥之前要先进行蒸发或反渗透，使水分减少到一定程度再进行干燥，这样可以大量降低除水的成本。

加热干燥方法是乳粉生产中使用最广泛的方法，即加热蒸发牛乳中的水分，使牛乳中的干物质干燥成粉末状。在工业生产中常采用加热干燥方法是滚筒干燥法、喷雾干燥法、冷冻干燥法以及升华干燥法，其中又以喷雾干燥法最为常用。

一、喷雾干燥

1. 原理

将浓缩的乳通过雾化器，使之被分散成雾状的乳滴，极大地增加了蒸发表面积。此时浓缩乳在干燥室中与热风接触，其表面的水分在0.01～0.04s内瞬间蒸发完毕，雾滴被干燥成粉粒落入干燥室底部，水分则以蒸汽的形式被热风带走。整个喷雾干燥的过程仅需15～30s。

2. 特点

(1) 优点

与其他干燥方法相比，喷雾干燥方法具有许多优点，主要表现在：

①干燥速度快，牛乳雾滴在150℃～200℃的热风中迅速汽化，水分被瞬间蒸发；

②干燥过程缓和，物料受热时间短，因此牛乳中的营养成分损失少；

③喷雾干燥是在密闭状态下进行，且干燥室呈负压，故产品不易污

染，保证卫生；

④喷雾干燥后的牛乳呈粉末状，无须粉碎，直接过筛即可；

⑤喷雾干燥自动化程度高，过程易于控制，生产效率高。

(2) 缺点

虽然喷雾干燥的优点使该方法得到广泛应用，但也不可避免地存在一些不足之处，主要是喷雾干燥系统整体造价较高，生产投入较大，比较耗能、耗电；而且在干燥室内粉尘黏壁情况比较严重，清扫回收的工作量较大。

3. 工艺

喷雾干燥的工艺流程如图 3—11 所示。

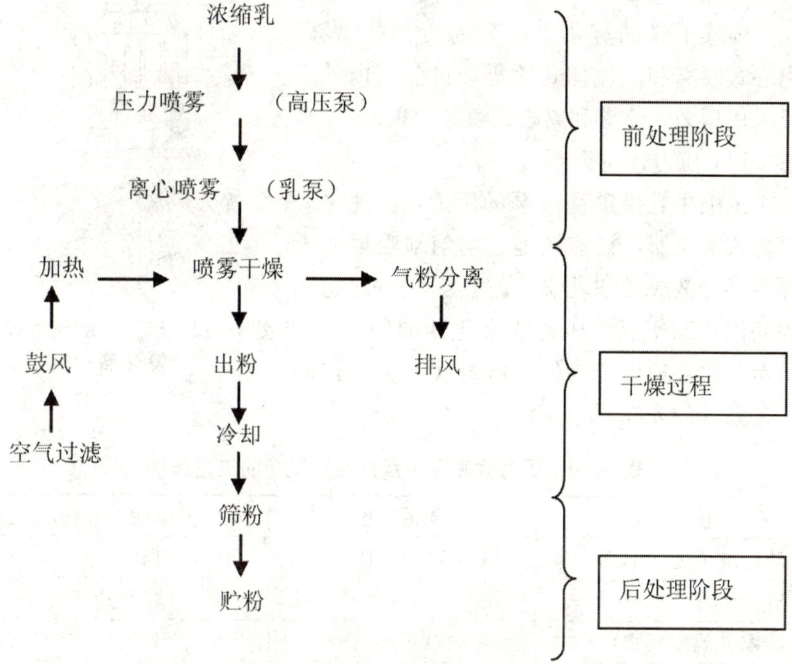

图 3—11　喷雾干燥的工艺流程图

4. 干燥过程

喷雾干燥过程包括恒速干燥和降速干燥两个阶段。

(1) 恒速干燥阶段

在喷雾干燥过程中，牛乳首先经过恒速干燥阶段。在此阶段，牛乳中绝大多数水分将乳滴表面蒸发除去，蒸发速度由蒸汽穿过周围空气膜的扩散速度决定，水分的扩散速度大于或等于蒸发速度。

(2) 降速干燥阶段

当水分扩散速度不能使乳滴表面水分保持饱和状态时，干燥进入降速干燥阶段，乳滴中的结合水被部分除去。当乳粉颗粒水分含量达到喷雾干燥的极限水分时，则完成了干燥过程。

5. 雾化方法

喷雾干燥的雾化方法分为压力式喷雾、离心式喷雾和二流体式喷雾，目前国内外广泛采用压力式喷雾和离心式喷雾两种。

(1) 压力式喷雾

浓缩牛乳借助高压泵的压力，高速进入压力式雾化器，被连续地、均匀地喷射入干燥室，分散成微细乳滴，与热空气一起达到瞬间汽化而干燥。压力式雾化器如图3－12所示。以乳粉生产为例，压力式喷雾干燥的工艺条件如表3－9所示。

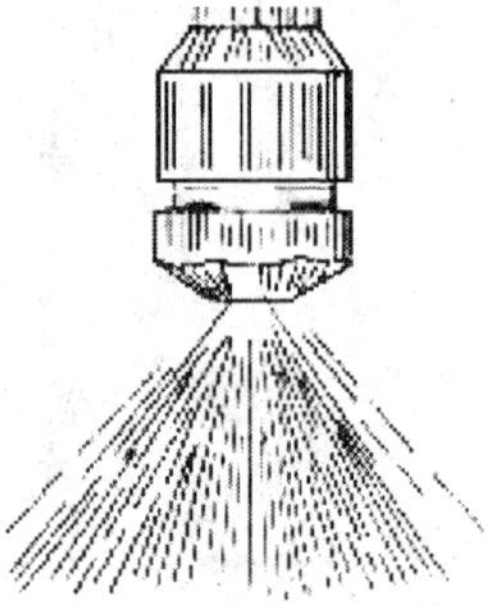

图3－12　运行中的压力式雾化器

表3－9　压力式喷雾干燥法生产乳粉的工艺条件

项　目	全脂乳粉	全脂加糖乳粉
浓缩乳浓度（°Be）	11.5～13	15～20
乳固体含量（%）	38～42	45～50
浓缩乳温度（℃）	45～60	45～50
高压泵工作压力（kPa）	10000～20000	10000～20000

续表

项　　目	全脂乳粉	全脂加糖乳粉
喷嘴孔径（mm）	2.0～3.5	2.0～3.5
喷嘴数量（个）	3～6	3～6
喷嘴角度（rad）	1.047～1.571	1.222～1.394
进风温度（℃）	140～180	140～180
排风温度（℃）	75～85	75～85
排风相对湿度（%）	10～13	10～13
干燥室负压（Pa）	98～196	98～196

（2）离心式喷雾

与压力式喷雾不同，浓缩乳不需要高压泵的压力，而是利用水平方向上高速选择的圆盘的离心力的作用进行雾化。生产过程中常使用离心式雾化器。以乳粉生产为例，离心式喷雾干燥的工艺条件如表3—10所示。

表3—10　离心式喷雾干燥法生产乳粉的工艺条件

项　　目	全脂乳粉	全脂加糖乳粉
浓缩乳浓度（°Be）	13～15	14～16
浓缩乳干物质含量（%）	45～50	45～50
浓缩乳温度（℃）	45～55	45～55
转盘转速（rpm）	5000～20000	15000～20000
转盘数量（只）	1	1
进风温度（℃）	200上下	200上下
干燥温度（℃）	90上下	90上下
排风温度（℃）	85上下	85上下

二、滚筒干燥

滚筒干燥又称薄膜干燥，是让牛乳或浓缩乳均匀地流在用蒸汽加热的滚筒上，使之形成薄膜状；热滚筒旋转过程中薄膜被干燥，当滚筒旋转至刮刀处，干燥的薄膜被自动削落，而后经过粉碎、过筛就制成乳粉。

采用滚筒干燥方法制成的乳粉呈片状，含气泡少，冲调性差，风味差，且色泽较深，目前已较少采用此种方法生产乳粉。

三、冷冻干燥法

冷冻干燥法又称离心冷冻法，是将牛乳在冰点以下浇盘凉结，并经常搅拌；使其形成薄片或碎片，冻成像雪花一样，而后放入高速离心机中将乳固体呈胶状分出，在真空下加微热，使之干燥成粉。

四、升华干燥法

该法是将牛乳在高度真空下（绝对压力 67Pa），使乳中的水分冻结成极细冰结晶，而后在此压力下加微热，使乳中的冰屑升华，乳中固体物质便成为干燥粉末。此法生产出的乳粉外观似多孔的海绵状，溶解性极好。又因加工温度低，牛乳中营养成分损失少，几乎能全部保留，同时可以避免加热对产品色泽和风味的影响。

第八节　清洗与消毒

牛乳是一种细菌能迅速繁殖的理想营养基质，设备使用过后若不进行彻底的清洗，残留于设备中的微生物就会大量繁殖，与生产加工的牛乳产品接触后将会造成产品的污染、变质，会引起十分严重的后果。因此，加工设备的彻底清洗和消毒是乳品加工过程中的必不可少的部分。

所谓清洗就是通过物理和化学的方法去除被清洗表面可见和不可见的杂质的过程。设备的清洁必须及时、彻底，且要保证所有与食品的接触面都必须包括在清洗循环系统内。

一、清洗

1. 清洗程序

清洗工作必须严格按照制定的程序进行：

①产品残留物的回收：在产品的生产过程结束后，要将罐内和管道内的残留物排净，可采用顶水或加入压缩空气的方式。

②用水预洗：生产过程结束后，要立即用水对设备管道等进行预洗，以免牛乳产品残留其中黏附或干涸，加大清洗难度。预洗须连续进行，直至排出的水干净为止。

③用清洗剂清洗：根据所生产的产品和使用的设备特点，选择适当的清洗剂对设备进行清洗。在该过程中，要注意清洗剂的浓度、温度、清洗时间等因素的影响，以保证获得最佳的清洗效果。

④用水冲洗：使用清洗剂清洗后，必须要使用足够的清水对设备进行冲洗，以去除清洗剂的残留，防止清洗剂残留对产品造成污染。

2. 常用的清洗剂

用化学剂通过化学反应除去污垢及残留物，是行之有效且目前应用广泛的方法，多用循环法。化学作用是指清洗剂成分的化学反应。碱性清洗剂与油脂的皂化反应，与脂肪酸的中和反应，对蛋白质的分解反应；酸性清洗剂对无机盐类污垢的溶解反应，以及过氧化物、氯化物类清洗剂对有机性污垢的氧化还原反应，有机螯合剂对金属离子的螯合作用等。表 3－11 所示为乳品加工中化学作用与不同污垢的特性。

表 3－11　化学作用与污垢特性

表面成分	溶解性	除去的难易程度	
		低温、中温巴氏杀菌	高温巴氏杀菌、超高温灭菌
糖	溶于水	容易	焦糖化，困难
脂肪	不溶于水	用碱困难	聚合作用，困难
蛋白质	不溶于水	用碱非常困难，酸稍好	变性作用，更难
无机盐	不定	多数盐溶于酸	不能确定

常见设备所选择清洗剂的类型和浓度如表 3－12 所示。

表 3—12　常见设备所选择清洗液类型和浓度

设备及工艺过程	清洗液类型	清洗液浓度
CIP 清洗热交换器	碱液清洗	75℃～80℃循环液 0.8%～1.0%苛性钠
CIP 清洗热交换器	酸液清洗	65℃～70℃循环液 0.8%～1.0%硝酸
巴氏杀菌系统	碱液清洗	75℃～80℃循环液 1.2%～1.5%苛性钠
巴氏杀菌系统	酸液清洗	65℃～70℃循环液 0.8%～1.0%硝酸
UHT 系统	碱液清洗	85℃循环液 2%～2.5%苛性钠
UHT 系统	酸液清洗	80℃循环液 1%～1.5%硝酸

3. CIP 清洗程序和技术要求

CIP 设备一般包括清洗液贮罐、喷洗头、送液泵、管路管件以及程序控制装置，连同待清洗的全套设备，组成一个清洗循环系统。典型的 CIP 清洗程序包括以下几个阶段：

①冷水预冲洗，冲去留在管路上的物料，通常是回收利用上一个清洗的最后一道冲洗用水；

②碱性洗涤液循环；

③饮用水循环；

④消毒剂循环（100mg/kg 的有效氯）或热水循环（85℃/15min）；

⑤最后用冷水（饮用水）冲洗。

为进行有效的 CIP 清洗，设备清洗流程可以设计成多个回路，以便根据需要在不同时间进行清洗。但在同一回路必须满足三个条件：

①设备表面的残留物必须是同一种成分；

②被清洗设备表面必须是同种材料制成，至少能与同种清洗消毒剂相容的材料；

③整个回路的所有部件，要能同时清洗和消毒。

（1）非受热设备的清洗

乳品加工中的非受热设备包括收乳管路、原料乳贮乳罐、巴氏杀菌乳贮乳罐等，牛乳在这类设备和连接管路中由于没有受到热处理，所以相对来说结垢较少。因此，建议的清洗程序如下：

①用温水（38℃～60℃）预冲洗 3～5min；

②用 75℃～85℃的热碱性清洗液循环 10～15min（如选用氢氧化钠，浓度应该为 0.8%～1.2%）；

③水冲洗 3～5min；

④建议每周用 65℃～75℃的热酸性清洗液循环 10min（如选用硝酸，浓度应为 0.8%～1.0%）；

⑤生产前用 90℃～95℃热水消毒 5min；

⑥逐步冷却 10min（储乳罐一般不需要冷却）。

（2）受热设备的清洗

受热设备主要包括配料罐、发酵罐、杀菌器以及受热管路等。乳品生产中，由于各段热管线生产工艺目的不同，应根据其受热程度的不同，选择有效的清洗方法，一般清洗程序如下：

①用温水（38℃～60℃）预冲洗 5～8min；

②用 75℃～85℃的热碱性清洗液循环 15～20min（如选用氢氧化钠，浓度应该为 1.2%～1.5%）；

③水冲洗 5～8min；

④用 65℃～75℃的热酸性清洗液循环 15～20min（如选用硝酸，浓度应为 0.8%～1.0%）。

⑤水冲洗 5～8min；

⑥生产前一般用 90℃热水循环 15～20min，以便对管路进行杀菌。

（3）巴氏杀菌系统的清洗程序

对巴氏杀菌设备及其管路一般建议采用以下的清洗程序：

①用水预冲洗 5～8min；

②用 75℃～80℃热碱性洗涤剂循环 15～20min（如浓度为 1.2%～1.5%的氢氧化钠溶液）；

③用水冲洗 5min；

④用 65℃～70℃酸性洗涤剂循环 15～20min（如浓度为 0.8%～

1.0%的硝酸溶液或2.0%的磷酸溶液)；

⑤用水冲洗5min。

(4) UHT系统的正常清洗程序

UHT系统的正常清洗相对于其他热管路的清洗来说要复杂和困难。UHT系统的清洗程序与产品类型、加工系统工艺参数、原料的质量、设备的类型等有很大的关系。针对我国现有的生产工艺条件和使用的设备有板式和管式UHT灭菌系统。

1) 板式UHT灭菌系统的清洗程序

①用清水冲洗15min；

②用生产温度下的热碱性洗涤剂循环10～15min(如137℃，浓度为2.0%～2.5%的氢氧化钠溶液)；

③用清水冲洗至中性，pH为7.0；

④用80℃的酸性洗涤剂循环10～15min(如浓度为1.0%～1.5%的硝酸溶液)；

⑤用清水冲洗至中性，pH为7.0；

⑥用85℃的热碱性洗涤剂循环10～15min(如浓度为2.0%～2.5%的氢氧化钠溶液)；

⑦ 用清水冲洗至中性，pH为7.0。

2) 管式UHT灭菌系统的清洗程序

①用清水冲洗10min；

②用生产温度下的热碱性清洗剂循环45～55min(如137℃，浓度为2.0%～2.5%的氢氧化钠溶液)；

③用清水冲洗至中性，pH为7；

④用105℃的酸性洗涤剂循环30～35min(如浓度为1.0%～1.5%的硝酸溶液)；

⑤ 用清水冲洗至中性。

二、消毒

乳品生产厂对设备的消毒一般是在开始生产前和生产结束后进行，

常采用的消毒手段有物理方法和化学方法。

1. 物理方法

采用加热、照射等物理手段，包括蒸汽消毒、热水消毒和紫外灯照射三种方法。

（1）蒸汽消毒：生产前对罐和管道可采用蒸汽消毒，在冷出口温度至少为76.6℃时喷射15min，或冷出口温度最低为93.3℃时喷射5min。

（2）热水消毒：使用热水对设备消毒，要求热水温度＞82.2℃，且最少要保持15min以上。

（3）紫外线灯照射：紫外线灯照射主要用于设备外部和生产环境中的空气消毒。要求紫外线灯的高度设置要在有效的杀菌范围内，且灯管要定期更换。

2. 化学方法

使用化学试剂对设备等进行消毒，常用的化学消毒剂有：

（1）酸：常做消毒剂使用的酸有盐酸、乳酸等。由于它们对设备有腐蚀作用，所以要控制使用浓度，要求在0.1mol/L以下。乳酸一般用作熏蒸使用，常用浓度为10％。

（2）碱：氢氧化钠、氢氧化钾等碱性物质都能起到杀菌的作用，一般使用浓度为0.1～0.5mol/L。

（3）氧化剂：常用的氧化剂有过氧化氢、过氧乙酸、次氯酸盐等。常用的浓度均小于0.1％以下，但根据要杀灭的微生物种类和设备材料不同，可以有所调整。

（4）乙醇：浓度为75％的乙醇溶液杀菌效能最大。

第四章 液态乳的加工

液态乳可定义为：凡以生鲜或复原牛乳为原料，添加（或不添加）其他营养物质，经过适当的加热处理，冷却后采用一定的容器包装后进行销售的一类乳制品。

由于生鲜牛乳中可能会含有对人体有害的病原菌等微生物，因此牛乳在销售前经过适当的加热处理是必须的，可以消除生鲜牛乳中病原菌等微生物对人体造成的危害。我国明文规定市售的液态乳及其制品都需经过适当热加工处理。

第一节 液态乳的分类

液态乳产品是最重要的乳制品之一，在乳制品市场中占有非常大的比例。市场上销售的液态乳种类繁多，分类方式也各有不同。

一、按热处理方式分类

在我国乳制品的生产中，液态乳热处理工艺有三种：巴氏灭菌，超高温灭菌，灭菌；灌装工艺有无菌和非无菌两类，相应的液态乳产品也可分为三种：巴氏灭菌乳、超高温灭菌乳和灭菌乳。

1. 巴氏灭菌乳

消毒的最大目的是杀灭乳中的致病菌，保证食用安全，消毒不足以杀灭牛乳中的耐热芽孢，只是部分降低了微生物的数量使乳具有较好的保存质量。

2. 灭菌乳

灭菌是通过足够的热处理，使产品中几乎所有的微生物和耐热酶类失去活性，通常经过100℃以上的温度处理，产品包装在密闭容器中进行。牛乳通过上述处理，称之为“商业无菌”。

3. 超高温（UHT）灭菌乳

灭菌过程是使物料液迅速升温至135℃以上，然后保持几秒钟，实现瞬间灭菌，实现产品的商业无菌水平。超高温瞬时灭菌技术的灭菌效果特别好，几乎可达到或接近灭菌的要求，而且灭菌时间短，物料中营养物质破坏少，营养成分保存率达92%以上，大大优越于巴氏灭菌和灭菌。

4. ESL乳

“ESL”是“Extended Shelf Life”即延长保质期的缩写，在国外经常用于在7℃或7℃以下具有良好贮存质量的新鲜液态乳制品。ESL乳是介于巴氏灭菌乳和UHT乳之间，产品保质期适当延长，风味和营养得到更好的保持，因而越来越受到人们的重视。

二、按脂肪含量分类

根据不同国家消费习惯的不同，对液态乳中脂肪含量的要求也不同。在我国根据脂肪含量的不同，可将液态乳分为以下几种类型，如表4－1所示。

表4—1　液态乳的分类及脂肪含量

液态乳的类型	脂肪含量%
脱脂乳	≤0.5
部分脱脂乳	1.0～2.0
全脂乳	≥3.1
稀奶油	10～48

三、按组成成分分类

①纯牛乳：以生鲜牛乳为原料，不添加任何添加剂经均质杀菌加工而成的鲜乳，产品保持了牛乳固有的营养成分。

②调味乳：以生鲜牛乳为主要原料，同时添加其他的调味成分，如

巧克力、咖啡、各种谷物成分等制成的产品，含乳量在 80%以上。

③乳饮料：以生鲜牛乳为原料，同时添加其他调味成分，经有效加工而制成的具有相应风味的固态、半固态或液态的饮料，含乳量至少应在 30%以上。

④营养强化乳：以生鲜牛乳为原料，针对特定人群的营养需要，添加营养强化剂所制成的产品。常添加的营养强化剂有矿物质、维生素、脂肪酸和一些功能性配料。

目前，功能性食品添加剂和配料是当今国内外食品工业新的增长点，也成为国内外竞相开发的热点。近年国内外较具开发前景的功能性配料有类胡萝卜素、番茄红素、大豆异黄酮、绿茶提取物茶多酚等。

第二节 液体乳的加工工艺

一、液体乳的一般加工工艺

液态乳的一般加工工艺流程如图 4－1 所示。

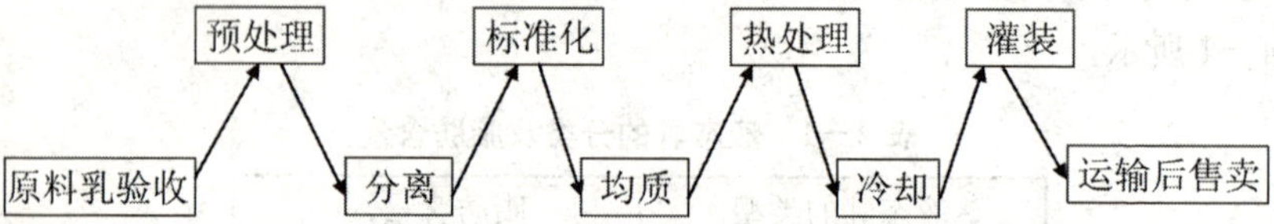

图 4－1 液体乳的加工工艺流程

二、再制乳的加工工艺

1. 再制乳（recombined milk）

用脱脂乳粉同乳油或无水乳油等乳脂肪以及水混合勾兑而成的符合 GB－6914《生鲜牛乳收购标准》成分的液态乳，又可称为再制乳。

再制乳的生产克服了乳制品生产的季节性和区域性等限制，保证了淡季里乳制品的充足供应。目前，世界乳粉的产量有 1/3 用于再制乳的生产。

2. 加工工艺

再制乳的加工工艺流程如图 4—2 所示。

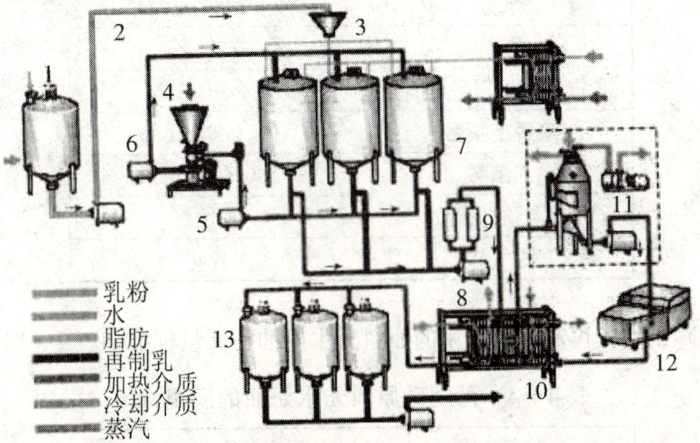

图 4—2 带有脂肪混入混料罐的再制乳生产线

1. 脂肪罐 2. 脂肪保温罐 3. 脂肪称重漏斗 4. 水粉混合器 5. 循环泵 6. 增压泵 7. 混料罐 8. 排料罐 9. 过滤器 10. 板式热交换器 11. 真空脱气罐 12. 均质机 13. 缓冲（贮存）罐

3. 再制乳的原料质量控制

1）乳粉：乳粉的质量直接影响再制乳的品质，因此对原料乳粉的质量要严格控制。再制乳所使用的原料全脂乳粉和脱脂乳粉的质量标准如表 4—2、表 4—3 所示。

表 4—2 再制乳原料全脂乳粉的质量标准

指标	标准
乳清蛋白氮	＞3.5％（低温或中温干燥）
溶解度指数	＜0.25ml
风味	纯正乳香味
微生物	优质
丙酮酸盐试验	＜90mg

表 4—3　再制乳原料脱脂乳粉的质量标准

指标	标准
水分	<4.0%
脂肪	<1.25%
滴定酸度（以乳酸计）	0.1%~0.15%
溶解度指数	<0.25ml
细菌数	$<1.0\times10^4$ cfu/g
大肠杆菌	阴性
滋气味	无异味

2）奶油：再制乳所使用的原料无水奶油的质量标准如表 4—4 所示。

表 4—4　再制乳原料无水奶油的质量标准

指标	标准
脂肪含量	≥99.8%
水分含量	≤0.1%
游离脂肪酸	<0.3%
铜	<0.05mg/kg
铁	<0.02mg/kg
过氧化物	<0.3g/100g
大肠杆菌	阴性
滋气味	无异味，具有奶油固有的香气

4. 配料

在生产再制乳的过程中，乳粉和奶油的用量要通过计算得到。

1）脱脂乳粉的计算公式

$$S\times M=(100-W-Fs)X$$

$$X=\frac{S}{(100-W-Fs)}M$$

式中：S——再制乳所要求的非脂乳固体含量，%；

W——脱脂乳粉的水分含量，%；

Fs——脱脂乳粉的脂肪含量，%；

M——再制乳的生产量；

X——脱脂乳粉的需要量。

2）奶油的计算公式

$$F \times M = Fb \cdot Y + Fs \cdot X$$

$$Y = \frac{FM - FsX}{Fb}$$

式中：F——再制乳所要求的脂肪含量，%；

Fb——无水奶油的脂肪含量，%；

Fs——脱脂乳粉的脂肪含量，%；

M——再制乳的生产量；

X——脱脂乳粉的计算用量；

Y——无水奶油的计算用量。

三、调味乳及含乳饮料的加工工艺

调味乳又可称为花色乳（Flavore milk），是以生鲜牛乳为原料，加入其他风味物料，如可可、咖啡、果汁等，再加以调色、调味、调香，经灭菌制成的具有相应风味的液态乳制品。调味乳又可以分为中性调味乳和酸性调味乳。

含乳饮料，则是在调味乳的基础上加入适量水而制成的，但按照国家标准要求，含乳饮料的蛋白质及脂肪含量均大于1%。

1. 中性调味乳的加工工艺

以可可风味的中性调味乳为例，说明中性调味乳的加工工艺。可可风味调味乳主要是在生鲜牛乳中加入可可粉、糖、稳定剂、香精或色素等，经灭菌制成的。

1）原料配方

可可乳的原料配方如表4－5所示。

表 4—5　可可乳的配方

成分	用量（%）
原料乳（乳粉）	35～95
糖	3～8
可可粉	0.1～3
稳定剂	0.2～0.5
香精	适量
色素	适量

2）工艺流程

可可乳（饮料）的加工工艺流程如图 4—3 所示。

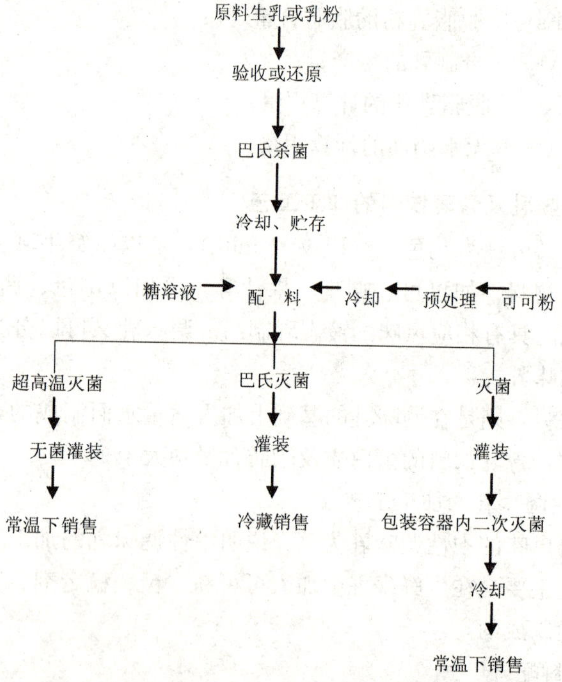

图 4—3　可可乳（饮料）的加工工艺流程

3）可可粉的质量控制

生产可可乳的可可粉其推荐标准如表 4—6 所示。

表 4—6　可可粉的推荐标准

成分	用量
pH	6.8%～7.2%
可可粉	<1.75%
粒度	99.5%通过 200 目
水分	<4.5%
脂肪	10.0%～12.0%
解酯酶活性	阴性
细菌总数	<5000 cfu/ml
霉菌数	<50 cfu/ml
酵母数	<50 cfu/ml
大肠菌群	阴性
嗜热芽孢总数	<200 cfu/ml
嗜温芽孢总数	<500 cfu/ml

2. 酸性调味乳的加工工艺

酸性调味乳常用乳酸、柠檬酸、苹果酸或果汁等将牛乳调制为 pH<4.6。

1）产品配方

酸性调味乳的原料配方如表 4—7 所示。

表 4—7　调配型酸性含乳饮料基础配方

成分	用量
乳粉或原料乳	乳粉：3%～12%；原料乳：小于 40%
稳定剂	0.35%～0.6%
果汁或果味香精	适量
色素	适量
柠檬酸及其钠盐	调节 pH3.8～4.3

2）工艺流程

酸性调味乳（饮料）的基本工艺流程如图4—4所示。

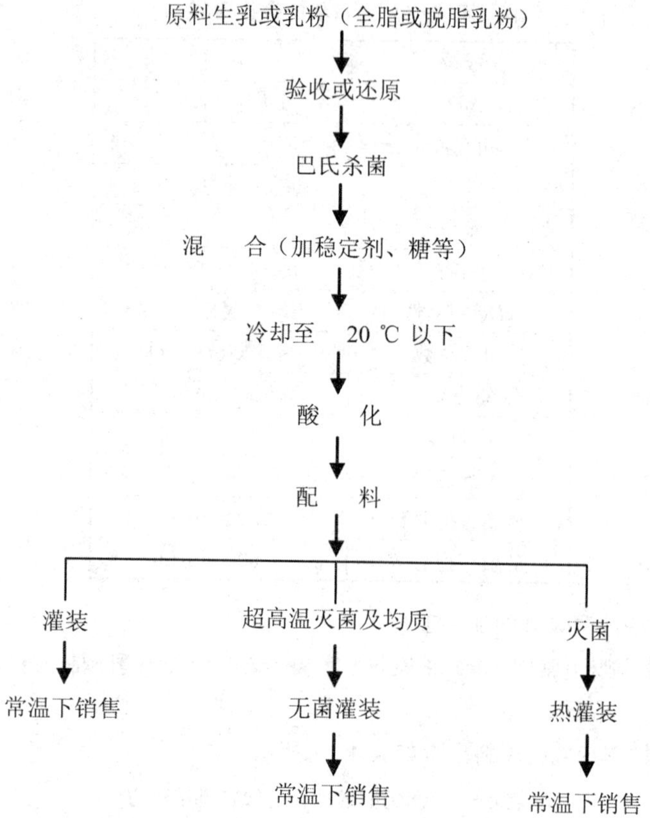

图4—4　酸性调味乳（饮料）的基本工艺流程

四、稀奶油的加工工艺

稀奶油是牛乳经分离得到的富含脂肪的部分。脂肪含量不同，稀奶油的黏度、稠度及功能特性就不同，另外不同季节的牛乳制成的稀奶油的品质也不尽相同。稀奶油能赋予食物很好的口感，因此常用做制作其他食品的原料，例如奶油、蛋糕和各种饮料等。

1. 稀奶油的分类

稀奶油常按照生产方式、脂肪含量和热处理方式进行分类，其按照脂肪含量的分类如表 4－8 所示。

表 4－8 稀奶油的分类

类 型	脂肪含量（%）	用 途
半脱脂稀奶油	12～18	咖啡、浇淋水果、甜点和谷物类早餐
一次分离稀奶油	18～35	咖啡、甜点和配餐用的浇淋稀奶油
发泡稀奶油	35～48	甜点、蛋糕和面点等馅心的填充物
二次分离稀奶油	＞48	甜点的浇淋、匙取稀奶油和面包
凝结稀奶油	＞55	奶茶和甜点稀奶油

2. 工艺流程

原料乳
↓
巴氏灭菌（磷酸酯酶阴性）
↓
40℃～50℃离心→脱脂乳
↓
稀奶油
↓
标准化←稳定盐＊
↓
UHT 热处理（140℃/10s）
↓
冷却至 50℃
↓
无菌均质
↓
无菌包装

图 4－5 稀奶油的生产工艺流程图

＊稳定盐：通常添加 0.15%$Na_3C_6H_5O_7 \cdot 5H_2O$

第五章　发酵乳的加工

发酵乳可定义为通过乳酸菌发酵（如酸乳）和由乳酸菌、酵母菌共同发酵（如开菲尔）制成的乳制品。发酵乳的名称是由于牛奶中添加了发酵剂，使部分乳糖转化成乳酸而来的。在发酵过程中还形成CO_2、醋酸、丁二酮、乙醛和其他物质。

发酵乳制品营养全面，风味独特，比牛乳更容易被人体吸收利用，具有平衡人体肠道菌群、清除血清中胆固醇、抗衰老、延长寿命、防止和降低乳糖不耐症、提高人体对钙、磷、铁的吸收等作用。据专家预测，21世纪是酸乳和酸乳饮料的世纪。

第一节　发酵乳的分类

一、酸乳的定义

酸乳：是指在添加（或不添加）乳粉（或脱脂乳粉）的乳中，由于保加利亚杆菌和嗜热链球菌的作用进行乳酸发酵制成的凝乳状产品，成品中必须含有大量相应的活菌。

二、酸乳的分类

通常根据成品的组织状态、口味、原料中乳脂肪含量、生产工艺等可以将酸乳分成不同类别。

1. 按照成品的组织状态分类

（1）凝固型酸乳：其发酵过程在包装容器中进行，从而使成品因发酵而保留其凝乳状态。

（2）搅拌型酸乳：发酵后的凝乳在灌装前搅拌成黏稠状组织状态。

2. 按照成品口味分类

(1) 天然纯酸乳：产品只由原料乳和菌种发酵而成，不含任何辅料和添加剂。

(2) 加糖酸乳：产品由原料乳和糖加入菌种发酵而成。在我国市场上常见，糖的添加量较低，一般为6%～7%。

(3) 调味酸乳：在天然酸乳或加糖酸乳中加入香料而成。酸乳容器的底部加有果酱的酸乳称为圣代酸乳（Sandae yoghurt）。

(4) 果料酸乳：成品是由天然酸乳与糖、果料混合而成。

(5) 复合型或营养健康型酸乳：通常在酸乳中强化不同的营养素（维生素、食用纤维素等）或在酸乳中混入不同的辅料（如谷物、干果、菇类、蔬菜汁等）而成。这种酸奶在西方国家非常流行，人们常在早餐中食用。

(6) 功能性酸乳（Curative Effect Yoghurt）包括低乳糖酸奶、低热量酸奶、维生素酸奶或蛋白质强化酸奶。

3. 按照生产工艺分类

(1) 浓缩酸乳：将正常酸乳中的部分乳清除去而得到的浓缩产品。因其除去乳清的方式与加工干酪方式类似，有人也叫它酸乳干酪。

(2) 冷冻酸乳：在酸乳中加入果料、增稠剂或乳化剂，然后将其进行冷冻处理而得到的产品。

(3) 充气酸乳：发酵后在酸乳中加入稳定剂和起泡剂（通常是碳酸盐），经过均质处理即得这类产品。这类产品通常是以充CO_2气的酸乳饮料形式存在。

(4) 酸乳粉：通常使用冷冻干燥法或喷雾干燥法将酸乳中约95%的水分除去而制成酸乳粉。制造酸乳粉时，在酸乳中加入淀粉或其他水解胶体后再进行干燥处理而成。

第二节　发酵剂

一、发酵剂的概念及作用

1. 发酵剂

发酵剂是一种能够促进乳的酸化过程，含有高浓度乳酸菌的特定微生物培养物。

乳酸菌发酵剂特指为制作发酵乳制品和乳酸菌饮料而调制的特定微生物培养物。

2. 作用

①分解乳糖产生乳酸；

②产生挥发性的物质，如丁二酮、乙醛等，从而使酸乳具有典型的风味；

③具有一定的降解脂肪、蛋白质的作用，从而使酸乳更利于消化吸收；

④酸化过程抑制了致病菌的生长。

二、发酵剂的分类

1. 按发酵剂制备过程分类

(1) 乳酸菌纯培养物：即一级菌种的培养，一般多接种在脱脂乳、乳清、肉汁或其他培养基中，或者用冷冻升华法制成一种冻干菌苗。

(2) 母发酵剂：即一级菌种的扩大再培养，它是生产发酵剂的基础。

(3) 生产发酵剂：即母发酵剂的扩大培养，是用于实际生产的发酵剂，又称工作发酵剂。

2. 按发酵剂的组成分类

(1) 混合发酵剂：这一类型的发酵剂一般含有两种或两种以上的菌。例如酸乳发酵剂是保加利亚乳杆菌和嗜热链球菌按一定比例混合的。

(2) 单一发酵剂：这一类型的发酵剂中只含有一种菌。

3. 按发酵剂使用方式分类

（1）普通发酵剂：是指各公司将保存的乳酸菌菌种进行活化、扩增后制备的液体发酵剂。这种发酵剂由于含菌量低（10^7～10^8 cfu/g），不能直接用于生产，须经母发酵剂、中间发酵剂、生产发酵剂逐步扩大培养才能用于生产乳制品，从而需要专门的技术人员，严格的无菌条件，复杂的操作步骤和繁重的体力劳动完成，加大了乳制品厂的人员配置和设备投资，直接影响发酵进程和产品的风味，产品的质量已难以规范化，而且制作过程繁杂，质量不易控制，容易受污染，从而给厂家带来巨大损失。

（2）直投式发酵剂（Direct vat inoclution，DVI）：又称直接使用型酸乳发酵剂，是指不需要经过活化、扩增而直接应用于生产的一类新型发酵剂，主要特点有：活菌含量高（10^{10}～10^{12} cfu/g）、活力强，使接种量较传统人工发酵剂降低 100～1000 倍，保质期长，并能够直接、安全有效地生产乳制品，使发酵乳品的生产标准化，并减少了菌种的退化和污染，大大提高了发酵乳制品的劳动生产率和产品质量，保障消费者的利益和健康。该种发酵剂目前在国内外使用非常广泛，但均为国外生产，因此价格较普通发酵剂要昂贵。

三、发酵剂的制备

1. 菌种的选择

菌种的选择对发酵剂的质量起着重要作用，应根据生产目的不同选择适当的菌种。常用乳酸菌的生长温度及培养时间等如表 5－1 所示。选择时以产品的主要技术特性，如产香性、产酸力、产黏性及蛋白水解力作为发酵剂菌种的选择依据。

酸乳生产最常用的菌种主要有保加利亚乳杆菌和嗜热链球菌。

（1）保加利亚乳杆菌

保加利亚乳杆菌形态为长杆形，平均大小是 0.8～1μm×4～6μm，无运动性；其生长最适温度是 40℃～43℃，最低温度是 22℃，最高温度是 52.5℃，特点是能在高温区域生长。乳是保加利亚乳杆菌生长最好的培养基，但如果其中含有抗生素或杀菌剂时，它的生长会受到影响。

表 5—1 常见乳酸菌的培养条件

<table>
<tr><th colspan="2">乳酸菌名称</th><th>发育最适温度（℃）</th><th>在最适温度中乳凝固时间</th><th>凝块状态</th><th>滋味</th><th>适用的乳制品</th></tr>
<tr><td colspan="2">乳酸链球菌（Str. Lactis）</td><td>30～35</td><td>12h</td><td>均匀稠密</td><td>微酸</td><td>酸乳、酸稀奶油、牛乳酒、酸性奶油、干酪</td></tr>
<tr><td colspan="2">乳油链球菌（Str. Cremoris）</td><td>30</td><td>12～24h</td><td>均匀稠密</td><td>微酸</td><td>酸乳、酸稀奶油、牛乳酒、酸性奶油、干酪</td></tr>
<tr><td rowspan="3">产生芳香物质的细菌</td><td>柠檬明串珠菌</td><td rowspan="3">30</td><td>不凝结</td><td rowspan="3"></td><td rowspan="3"></td><td rowspan="3">酸乳、酸稀奶油、牛乳酒、酸性奶油、干酪</td></tr>
<tr><td>戊糖明串珠菌</td><td>23d</td></tr>
<tr><td>丁二酮乳酸链球菌</td><td>18～48h</td></tr>
<tr><td colspan="2">嗜热链球菌（Str. thermophilus）</td><td>37～42</td><td>12～24h</td><td>均匀稠密</td><td>微酸</td><td>酸乳、干酪</td></tr>
<tr><td>嗜热性乳酸杆菌</td><td>保加利亚乳杆菌、干酪杆菌、嗜酸杆菌</td><td>42～45</td><td>12h</td><td>均匀稠密</td><td>酸</td><td>酸牛乳、马乳酒、乳酸菌制剂、干酪</td></tr>
</table>

（2）嗜热链球菌

嗜热链球菌形态为球一卵状，直径约 0.7～0.9μm，无运动性；其生长最适温度是 40℃～45℃，最低温度是 20℃，最高温度是 50℃。乳也是嗜热链球菌生长最好的培养基，当在乳中 45℃生长时，该菌会形成短链；当在乳中 30℃生长时，该菌会形成双球菌，但如果是高酸度环境下，会形成长链；如果乳中含有抗生素或杀菌剂时，它的生长也会受到影响。

（3）保加利亚乳杆菌和嗜热链球菌的共生

作为酸乳发酵剂，保加利亚乳杆菌和嗜热链球菌通常是以一定比例混合使用，两种菌共同生长在牛乳中并进行发酵，二者之间存在着共生作用。

在培养的初级阶段，嗜热链球菌开始生长，是酸乳产生类似奶油芳香成分物质丁二酮；嗜热链球菌在生长的同时产生甲酸，促进保加利亚乳杆菌开始生长，保加利亚乳杆菌的生长促进嗜热链球菌产生能制造具有酸乳特征风味的乙醛的产生；随着两种菌的共同生长发育，其所产生的乳酸增多，乳的酸度增大，使得嗜热链球菌的生长受到抑制，而保加利亚乳杆菌继续生长，此时杆菌和球菌的比例逐渐接近1∶1。

酸乳生产最理想的发酵条件是：发酵温度控制在42℃～43℃时，两种菌的比例为1∶1，接种量为2.5%～3.0%，培养时间为2.5～3h，酸度为100 °T～125 °T。

2. 菌种的复壮和保藏

从菌种保存单位购来的乳酸菌纯培养物，通常都装在试管或安培瓶中。由于保存、寄送等影响，活力减弱，需恢复其活力。此过程需在无菌操作条件下接种到灭菌的脱脂乳试管中多次传代、培养。而后保存在0℃～4℃冰箱中，每隔1～2周移植一次。但在长期移植过程中，可能会有杂菌污染，造成菌种退化或菌种老化、裂解。保藏的同时，还应进行不定期的纯化处理，以除去污染菌和提高活力。

3. 菌种的传代培养

(1) 母发酵剂

取脱脂乳量1%～2%的充分活化的菌种，接种于盛有灭菌脱脂乳的三角瓶中，混匀后，放入恒温箱中进行培养。凝固后再移入灭菌脱脂乳中，如此反复2～3次，使乳酸菌保持一定活力，然后再制备生产发酵剂。

(2) 生产发酵剂

将脱脂乳、新鲜全脂乳或复原脱脂乳（总固形物含量10%～12%）加热到90℃保持30～60min后，冷却到42℃（或菌种要求的温度）接种母发酵剂，发酵到酸度>0.8%后冷却到4℃。此时生产发酵剂的活菌数达1×108～1×109cfu/ml。

制取生产发酵剂的培养基最好与成品的原料相同，以使菌种的生活环境不致急剧改变而影响菌种的活力。

生产发酵剂的量为发酵乳的1%～2%，为了缩短生产周期可加大到3%～4%，最高不超过5%。常见乳酸菌的培养条件如表5—1所示，生产发酵剂的制备过程如图5—1所示。

脱脂乳、新鲜牛乳或复原脱脂乳（总固形物含量10%～20%）
↓
加热到90℃保持30～60min
↓
冷却到43℃
↓
接种→中间发酵剂或冻干菌种
↓
发酵到酸度大于0.8%
↓
生产发酵剂

图5—1　生产发酵剂的制备工艺流程

4. 发酵剂的质量要求

应符合下列各项指标要求：

（1）凝块应有适当的硬度，均匀而细滑，富有弹性，组织状态均匀一致，表面光滑，无龟裂，无皱纹，未产生气泡及乳清分离等现象。

（2）具有优良的风味，不得有腐败味、苦味、饲料味和酵母味等异味。

（3）若将凝块完全粉碎后，质地均匀，细腻滑润，略带黏性，不含块状物。

（4）按规定方法接种后，在规定时间内产生凝固，无延长凝固的现象。测定活力（酸度）时符合规定指标要求。

5. 影响发酵剂质量的因素

（1）菌种：球菌和杆菌的混合比例，对于酸乳的发酵至关重要，影响产品的酸度、凝固时间、组织状态及产品香气等。

（2）培养基：发酵剂的培养基主要是脱脂乳或脱脂乳粉还原乳，一般浓度为11%，浓度较高（20%以内），利于杆菌生长；较低浓度则利于球菌生长。

（3）培养温度：一般培养温度控制在42℃～43℃，温度较高（45℃～47℃）利于杆菌生长；温度较低（41℃～44℃）利于球菌生长。

（4）接种量：一般接种量以3%为基点，接种量大则利于杆菌生长；接种量小则利于球菌生长。

（5）活力：发酵剂的发酵能力通常通过测定其活力来确定。发酵剂的活力就是指菌种的产酸能力。发酵剂活力大小与生产接种量的关系如表5—2所示。活力的测定方法：

①取新鲜脱脂乳或脱脂乳粉配制浓度为11%的培养基，其酸度控制在16 °T～18 °T；

②取其中的100ml注入干热灭菌后的棉塞试管中，间歇灭菌三次；

③将待测发酵剂以3%的接种量接种在试管培养基中，于42℃下培养3.5h后，迅速从培养箱中取出；

④在培养后的试管培养基中加入20ml蒸馏水及2ml 1%酒精性酚酞指示剂，用0.1mol/L NaOH溶液滴定并记录所消耗体积数；

⑤按下式计算：

$$活力=\frac{0.1\text{mol/L NaOH}溶液体积数（\text{ml}）\times 0.009}{10\times 牛乳比重}\times 100$$

表5—2 发酵剂活力大小与生产接种量的关系

发酵剂活力	<0.40	0.40～0.60	>0.60	0.65～0.75	0.80～0.95
接种量	——	——	5.5%以上	4%～5.5%	2.5%～3.5%
生产管理	更换发酵剂	发酵时间超过5h，容易污染	可投入生产	增大接种量	最佳活力

第三节 发酵乳的加工

一、酸乳的一般加工工艺

酸乳的一般加工工艺流程如图 5－2、图 5－3 所示。

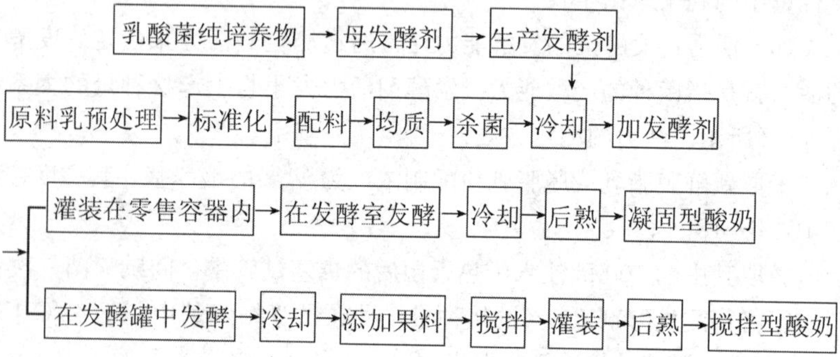

图 5－2 酸乳的一般加工工艺流程

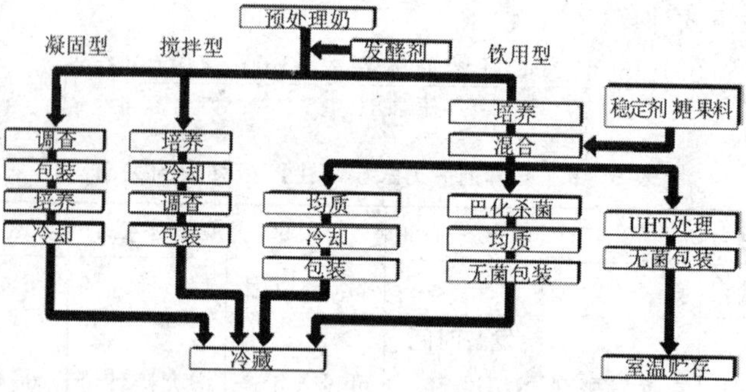

图 5－3 凝固型、搅拌型和饮用型酸乳的生产工艺流程

二、凝固型酸乳加工的工艺要点

1. 原料乳的质量控制

对于用来制作发酵剂和生产酸乳的原料乳，其质量要求一定要严格，要求其酸度必须≤18 °T，细菌总数≤500000cfu/ml，全乳固体≥11.5%。

2. 原辅料质量控制

生产酸乳必须要使用到一些原辅料产品，要保证酸乳成品的质量，就一定也要对原辅料的质量进行一定控制。

(1) 脱脂乳粉：在酸乳生产中使用脱脂乳粉的目的在于提高产品的总乳固体的含量，改善产品的组织状态，并促进乳酸菌产酸，因此要求所使用的脱脂乳粉要质量好且无抗生素和防腐剂。脱脂乳粉添加量一般为1%～1.5%。

(2) 稳定剂：在搅拌型酸乳生产中，通常添加稳定剂用于提高产品的系统稳定性。常用的稳定剂有明胶、果胶和琼脂，其添加量一般控制在0.1%～0.5%。稳定剂的添加一定要确保稳定剂全部溶解，通常与糖先混合后再加入。

(3) 糖及果料：在酸乳生产中，常添加6.5%～8%蔗糖或葡萄糖用于调节产品口味，常与稳定剂混合均匀后一同加入乳中。果料、果酱及其他调香物质等一般在搅拌型酸乳中常常使用，在凝固型酸乳中很少使用。要保证添加的果料等物质的质量合格，才不会影响酸乳产品的质量。

3. 均质

在酸乳加工过程中进行均质处理，可使原料充分混匀，有利于提高酸乳的稳定性和稠度，并使酸乳质地细腻，口感良好。均质所采用的压力一般为20～25MPa。

4. 杀菌

灭菌的目的在于杀灭原料乳中的杂菌，目的在于：

（1）确保乳酸菌的正常生长和繁殖；

（2）钝化原料乳中对发酵菌有抑制作用的天然抑制物；

（3）使牛乳中的乳清蛋白变性，以达到改善组织状态；

（4）提高黏稠度，防止成品乳清析出。

杀菌条件一般为：90℃～95℃/5min。

5. 接种

杀菌后的乳应马上降温到45℃左右，以便接种发酵剂。发酵剂的接种量根据菌种的活力、发酵方式、生产时间以及混合菌种的配比不同而有所不同。一般的生产发酵剂，其产酸活力在0.796%～1.0%之间，接种量应为2%～4%。发酵剂在添加之前应事先在无菌操作条件下搅拌成均匀细腻的状态，避免有大的凝块，以免影响发酵后的成品质量。

三、搅拌型酸乳加工的工艺要点

搅拌型酸乳的加工工艺及技术要求与凝固型酸乳的基本相同，其不同之处在于搅拌型酸乳的加工工艺中添加了搅拌混合工艺，这也正体现了搅拌型酸乳的特点。根据加工过程中是否添加果蔬料或果酱，搅拌型酸乳可分为天然搅拌型酸乳和加料搅拌型酸乳。

下面只针对搅拌型酸乳与凝固型酸乳的不同工艺要点进行说明。

1. 发酵

由于搅拌型酸乳的发酵是在发酵罐中进行，因此一定要控制好发酵罐的温度，保持恒定，避免忽高忽低。发酵罐上部和下部温度差不要超过1.5℃。

2. 冷却

搅拌型酸乳冷却的目的是快速抑制细菌的生长和酶的活性，以防止发酵过程产酸过度及搅拌时脱水。冷却在酸乳完全凝固（pH4.6～4.7）后开始，冷却过程应稳定进行。冷却过快会造成凝块迅速收缩，导致乳清分离；冷却过慢则会造成产品产酸过度，且所添加的果料脱色。搅拌型酸乳的冷却可采用片式冷却器、管式冷却器、表面刮板式热交换器、冷却罐等设备进行。

3. 搅拌

通过机械力破碎凝胶体，使凝胶体的粒子直径达到0.01～0.4mm，并使酸乳的硬度和黏度及组织状态发生变化。在搅拌型酸乳的生产中，这是一道重要工序。

搅拌方式一般采用机械搅拌，即使用宽叶片搅拌器。在搅拌过程中应注意不可剧烈搅拌，也不可搅拌时间过长。搅拌时应注意凝胶体的温度、pH值以及乳固体含量等的变化。通常搅拌以低速开始，逐渐加速。

搅拌时要注意控制以下几点：

(1) 温度：搅拌的最适温度0℃～7℃，但在实际生产中使40℃的发酵乳降到0℃～7℃不太容易，所以搅拌时的温度以20℃～25℃为宜；

(2) pH值：酸乳的搅拌应在凝胶体的pH达4.7以下时进行，若在pH4.7以上时搅拌，则因酸乳凝固不完全、黏性不足而影响其质量；

(3) 乳固体含量：较高的乳固体含量对防止搅拌型酸乳的乳清分离能起到较好的作用；

(4) 管道流速和直径：凝胶体在通过泵和管道移送，流经片式冷却板片和灌装过程中，会受到不同程度的破坏，最终影响到产品的黏度。凝胶体在经管道输送过程中应以低于0.5m/s的层流形式出现，管道直径不应随着包装线的延长而改变，尤其应避免管道直径突然变小。

4. 混合与罐装

在酸乳从缓冲罐输送到包装机的过程中，可加入果蔬、果酱以及其他类型的调香物质，可通过变的计量泵将其连续加入到酸乳中。加料之前要先将果料等进行巴氏灭菌，灭菌温度应控制在能杀灭杂菌，而又不影响果料的风味和质地的范围内。

5. 冷却与后熟

将灌装好的酸乳于0℃～7℃冷库中冷藏24h进行后熟，进一步促使芳香物质的产生和产品黏稠度的改善。

第四节 发酵型酸性含乳饮料的加工

一、定义

发酵型的酸性含乳饮料在国内通常称为“乳酸菌饮料”或“酸乳饮料”。发酵型的酸性含乳饮料以牛乳、乳粉，植物蛋白乳（粉）、果菜汁或糖类为原料，添加或不添加食品添加剂与辅料，经杀菌、冷却、接种乳酸菌发酵剂培养发酵，然后经稀释而制成的活性（非杀菌型）或非活性（杀菌型）的饮料。

目前，乳酸菌产业在全球大大超过了其他乳制品的增长率，其中日本、欧洲的发酵乳酸菌奶饮料在乳制品市场中比例已达到80%，北美约占30%。

非活性乳酸菌饮料是近几年逐渐流行的酸乳产品。乳酸菌发酵的酸奶经杀菌处理后，虽然活菌不复存在，但营养价值和风味远大于调配型果奶饮料。近几年，国内大中型乳品企业先后推出含乳30%～80%的非活性乳酸菌饮料产品，普遍受到消费者的欢迎。

二、工艺流程

乳酸菌饮料的加工可采用两种方法：

1. 先将牛乳进行乳酸菌发酵制成酸乳，然后根据配方加入糖、稳定剂、水等物质，经混合、标准化后直接灌装或经热处理后再灌装，先发酵后混料；

2. 先按乳酸菌饮料的配方将所有的原料混合在一起，然后再经乳酸菌发酵，直接灌装或经热处理后再灌装，即先混料后发酵。

考虑到生产加工的实用性，大部分生产厂家均采用第一种方法即先发酵后混料的方式生产乳酸菌饮料。乳酸菌饮料的具体工艺流程如图5—4所示。

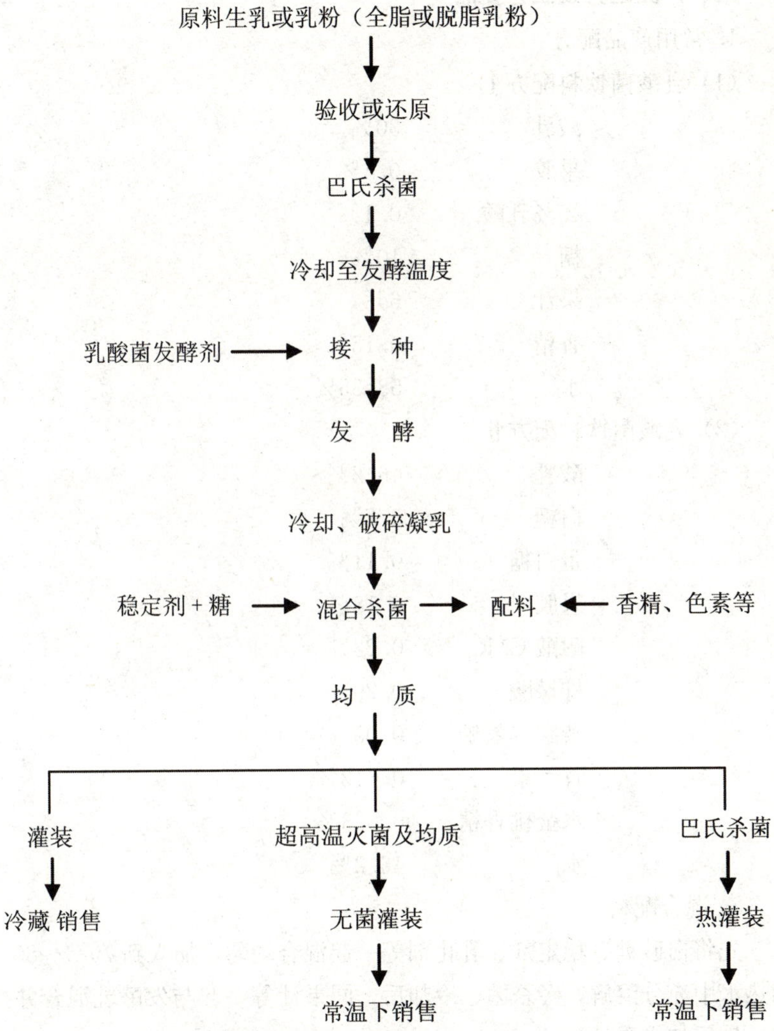

图 5—4　调配型酸性含乳饮料生产工艺流程

三、产品配方及工艺要点

1. 常用产品配方

(1) 乳酸菌饮料配方Ⅰ

酸乳	30%
果胶	0.4%
45%乳酸	0.1%
糖	10%
果汁	6%
香精	0.15%
水	53.35%

(2) 乳酸菌饮料配方Ⅱ

酸乳	46.2%
白糖	6.7%
蛋白糖	0.11%
果胶	0.18%
耐酸 CMC	0.23%
柠檬酸	0.29%
磷酸二氢钠	0.05%
香兰素	0.018%
水蜜桃香精	0.023%
水	46.2%

2. 混合配料

先将白砂糖、稳定剂、乳化剂等一起混合均匀，加入到70℃～80℃的热水中充分溶解，经杀菌、冷却后，同果汁等一起与发酵乳混合并搅拌，最后加入香精。

在乳酸菌饮料中最常使用的稳定剂是纯果胶或与其他稳定剂的复合物。通常果胶对牛乳中的酪蛋白颗粒具有最佳的稳定性，可避免酪蛋白颗粒间相互聚合形成大颗粒而产生沉淀，但同时考虑到果胶分子在 pH4 的系统中使用其稳定性最佳的特点，因此在杀菌前一般将乳酸菌饮料的 pH 值调整为 3.8～4.2。

3. 工艺要点

(1) 均质

均质可使酸乳产品口感细腻，并提高产品的稠度，同时抑制沉淀现象产生，还能增强稳定剂的稳定效果。乳酸菌饮料较适宜的均质压力为 20～25MPa，温度为 53℃左右。

(2) 后杀菌

发酵型酸性含乳饮料在调配后进行杀菌，其目的在于延长产品的保存期。经过合理杀菌并无菌灌装后的饮料，其保存期可达 3～6 个月。由于乳酸菌饮料属于高酸食品，故采用高温短时巴氏杀菌即可得到商业无菌，也可采用更高的杀菌条件如 95℃～105℃、30s 或 110℃、4s。

生产厂家可根据自己的实际情况，对以上杀菌制度作相应的调整，对塑料瓶包装的产品而言，一般灌装后采用 95℃～98℃、20～30min 的杀菌条件，然后进行冷却。

(3) 果蔬加料预处理

在制作果蔬乳酸菌饮料时，要首先对果蔬添加料进行预加热处理，以起到灭菌和灭酶的作用。通常预加热处理的方式是在沸水中放置 6～8min。果蔬经灭酶后打浆或取汁，再与杀菌后的原料乳混合。

第五节　发酵乳加工的常见问题

一、加工过程常见问题

1. 发酵前原料生乳成分的调整

酸乳中凝乳的形成是由于乳酸菌在发酵过程中将牛乳中的乳糖分解成乳酸，使牛乳中酪蛋白颗粒互相聚合，这样就形成了酸乳凝块。因此牛乳中的蛋白质含量会直接影响到酸乳发酵的黏度、组织状态及其稳定性，因此发酵前最好将非脂乳固体含量标准化，调整至10%～15%，这可通过添加脱脂乳粉等来实现。

2. 酸乳的凝固性差

酸乳在生产过程中会出现凝固性差或不凝固现象，分析其原因：

(1) 原料乳质量

当原料乳中含有抗菌素、防腐剂时，就会抑制乳酸菌的生长，从而导致发酵不利、凝固性差。因此，必须把好原料验收关，杜绝使用含有抗菌素、农药以及防腐剂、掺碱或掺水牛乳生产酸乳。对于掺水的牛乳，可适当添加脱脂乳粉，使干物质达11%以上。

(2) 发酵温度和时间

如果发酵温度低于菌种生长的最适温度，乳酸菌的活力就会下降，导致凝乳能力降低，使酸乳的凝固性差。如果发酵时间短，也会造成酸乳凝固性降低。此外，发酵室温度不均匀也是造成酸乳凝固性降低的原因之一。

(3) 噬菌体污染

噬菌体污染是造成酸乳的发酵缓慢、凝固不完全的原因之一。由于噬菌体对菌的选择作用，可采用经常更换发酵剂的方法加以控制，此外，两种以上菌种混合使用也可减少噬菌体危害。

(4) 发酵剂活力

发酵剂活力差或接种量太少也会造成酸乳的凝固性下降，因此需要保证酸乳生产所使用的发酵剂活力适合，且选择适当的接种量。

如果灌装容器或管道没有清洗干净，残留有洗涤剂（如氢氧化钠）或消毒剂（如氯化物），也会影响发酵剂正常发酵，因此生产前后必须要彻底清洗生产线。

(5) 加糖量

生产酸乳时，加入适当的糖可使产品产生良好的风味，凝块细腻光滑，提高黏度，并有利于乳酸菌产酸量的提高。但如果加糖量过大，系统中会产生高渗透压，从而抑制乳酸菌的生长繁殖，造成乳酸菌发酵活力下降，使牛乳凝固性差。因此经过多次试验证明，6.5%的加糖量对酸乳成品的口味最佳，同时也不影响乳酸菌的生长。

3. 乳清析出

酸乳生产过程中或成品中容易出现乳清析出现象，分析其原因：

(1) 原料乳热处理不当

当热处理温度偏低或时间不够，就不能使大量乳清蛋白变性。研究表明，至少使75%的乳清蛋白变性，才能保证酸乳吸收大量水分和不发生脱水收缩作用，这就要求必须满足85℃/20～30min或90℃/5～10min的热处理。

UHT热处理（135℃～150℃/2～4s）虽能达到灭菌效果，但也不能使75%的乳清蛋白变性，因此酸乳生产不宜用UHT热处理。

(2) 发酵时间

如果发酵时间过长，乳酸菌继续生长繁殖，产酸量不断增加。过度产酸就会破坏了原已形成的胶体结构，使已容纳的水分游离出来形成乳清析出。

如果发酵时间过短，乳蛋白质的胶体结构还未充分形成，不能容纳乳中原有的水分，也会形成乳清析出。因此，应在发酵过程中要随时检查，发现酸乳已完全凝固时，就应立即停止发酵，以保证发酵时间适当。

(3) 其他因素

酸乳搅拌速度过快，过度搅拌或泵送造成空气混入产品，将造成乳清分离。此外，酸乳发酵过度、冷却温度不适宜及乳固体含量不足也可造成乳清分离现象。

4. 风味不良

酸乳生产过程中常出现以下不良风味，分析原因：

(1) 无芳香味

主要由于菌种选择及操作工艺不当所引起。正常的酸乳生产应保证两种以上的乳酸菌混合使用并选择适宜的比例，任何一方占优势均会导致产香不足，风味变劣。

高温短时发酵和乳固体含量不足也是造成芳香味不足的因素。芳香味主要来自发酵剂酶分解柠檬酸产生的丁二酮等物质，所以原料乳中应保证足够的柠檬酸含量。

（2）酸乳的不洁味

主要由发酵剂或发酵过程中污染杂菌引起。被丁酸菌污染可使产品带刺鼻怪味，被酵母菌污染不仅产生不良风味，还会影响酸乳的组织状态，使酸乳产生气泡。因此，必须严格保证卫生条件。

原料乳的异味，包括牛体臭味、氧化臭味及由于过度热处理或添加了风味不良的炼乳或乳粉等也会造成其风味不良。

（3）酸乳的酸甜度控制不当

酸乳口味过酸、过甜均会影响其产品风味。发酵过度、冷藏时温度偏高或加糖量较低等会使酸乳偏酸，而发酵不足或加糖量过高又会导致酸乳偏甜。

5. 杂菌生长

酵母菌、霉菌的耐热性弱，通常在60℃/5～10min加热处理即被杀死。所以酸乳成品中出现的污染，主要是二次污染所致。当酸乳贮藏时间过长或温度过高时，往往在表面出现霉菌。黑色霉斑易被察觉，而白色霉斑则不易被发现。这种酸乳被人误食后，会造成人体不适，严重会致病。因此要严格保证卫生条件并根据市场情况控制好贮藏时间和贮藏温度，使用蔗糖、果汁的乳酸菌饮料其加工车间的卫生条件必须符合有关要求，以避免制品二次污染。

在乳酸菌饮料酸败方面，最大问题是酵母菌的污染。酵母菌繁殖会产生二氧化碳，并形成酯臭味和酵母味等不愉快风味。另外霉菌耐酸性很强，也容易在乳酸中繁殖并产生不良影响。

6. 口感差

优质酸乳柔嫩、细滑、清香可口，但采用高酸度的乳或劣质的乳粉生产的酸乳口感粗糙，有沙粒感，即酸乳在组织外观上有许多沙状颗粒存在，不细腻。沙状结构的产生有多种原因，在制作搅拌型酸乳时，应选择适宜的发酵温度，避免原料乳受热过度，减少乳粉用量，避免乳固体过多和较高温度下的搅拌，且在生产酸乳时，应采用新鲜牛乳或优质乳粉，并采取均质处理，使乳中蛋白质颗粒细微化，达到改善口感的目的。

7. 色泽不佳

为了强化饮料的风味与营养，常会加入一些果蔬原料，由于这些物料本身的质量或配制饮料时预处理不当，使饮料在保存过程中引起感官质量的不稳定，如饮料变色、褪色，出现沉淀、污染杂菌等。应根据果蔬的性质及加工特性与酸乳进行合理的搭配和制作，同时还要注意杀菌处理。另外，在生产中应考虑适当加入一些抗氧化剂，如维生素 C、维生素 E、儿茶酚、EDTA 等，以增强果蔬色素的抗氧化能力。

8. 沉淀

沉淀是乳酸菌饮料最常见的质量问题。为使乳酸菌饮料中酪蛋白胶粒呈悬浮状态，避免沉淀发生，应注意：

（1）均质

经均质后的酪蛋白微粒，因失去了静电荷、水化膜的保护，使粒子间的引力增强，增加了碰撞机会，容易聚成大颗粒而沉淀。因此，均质必须与稳定剂配合使用，方能达到较好效果。

（2）稳定剂

常添加亲水性和乳化性较高的稳定剂。

（3）添加蔗糖

添加 13%蔗糖不仅使饮料酸中带甜，而且糖在酪蛋白表面形成被膜，可提高酪蛋白与其他分散介质的亲水性，并能提高饮料密度，增加黏稠度，有利于酪蛋白在悬浮液中的稳定。

（4）有机酸的添加

添加柠檬酸等有机酸类是引起饮料产生沉淀的因素之一。因此，须在低温条件下添加，使其与蛋白胶粒均匀缓慢地接触。另外，添加速度要缓慢，搅拌速度要快。一般酸液以喷雾形式加入。

（5）发酵乳的搅拌温度

为了防止沉淀产生，还应注意控制好搅拌发酵乳的温度。高温时搅拌，凝块将收缩硬化，造成蛋白胶粒的沉淀。

二、发酵剂

液态发酵剂中的母发酵剂、中间发酵剂一般由乳品厂化验室制备，而生产用的工作发酵剂由专门发酵剂室或酸乳车间生产。所用培养基为脱脂乳粉，一般控制干物质含量稍高，必要时可添加生长促进因子。对工作发酵剂的培养基必要时也可考虑使用原料生乳。

母发酵剂和中间发酵剂的制备需在严格的卫生条件下，制作间最好有经过过滤的正压空气，操作前小环境要用400～800mg/L次氯酸溶液喷雾，操作过程应尽量避免杂菌污染。每次接种时容器口端最好用200mg/L次氯酸溶液浸湿的干净纱布擦拭以防止噬菌体的污染。母发酵剂一次制备后可存于冰箱中0～6℃保存。对于混合菌种，每周活化一次即可。考虑到母发酵剂在活化过程汇总可能会带入杂菌、酵母、霉菌或噬菌体的污染，为保证产品质量，应定期更换，一般最长不超过一个月。

第六章　干酪的加工

“干酪是以乳、稀奶油、脱脂乳或部分脱脂乳、酪乳或这些产品的混合物为原料，经凝乳酶或其他凝乳剂凝乳，并排出乳清而制得的新鲜或发酵成熟的产品。”这是联合国粮农组织和世界卫生组织（FAO/WHO）制定的国际上通用的干酪的定义。从本质上说，干酪就是乳的选择性浓缩产物，因此干酪的营养价值非常丰富，如将其作为优质的动物性蛋白引入我国人民的日常饮食，对提高我国人民的体质有巨大益处。

目前，世界上的干酪产量很大，尤其是欧美国家，其每年鲜乳产量的 1/3～1/2 都用于干酪的生产。虽然我国的干酪生产起步较晚，但国民对干酪的认知程度正在逐步提高，且干酪生产所需设备、投资等相对不高，产品保存期也较长，因此干酪生产在我国有着巨大的潜力。尤其是对于边远牧区，更是一种发展经济的新途径。

第一节　干酪的概述

一、干酪的组成及营养价值

干酪的营养价值非常丰富，富含蛋白质、脂肪、无机盐类和维生素以及微量元素等。从本质上说，干酪就是乳的选择性浓缩产物，即将乳浓缩了近 10 倍才得到干酪产品，因此干酪保存了乳的大部分营养成分，且一般来说，干酪的蛋白质、脂肪等的含量要比乳高出许多倍，详细数据如表6－1所示。

表 6—1 几种干酪的组分含量（/100g）

干酪	水分（%）	蛋白质（g）	脂肪（g）	钙（mg）	磷（mg）	维生素			
						A IU	B_1（mg）	B_2（mg）	尼克酸（mg）
契达干酪 Cheddar	37.0	25.0	32.0	750	478	1310	0.03	0.46	0.1
农家干酪 Cottage	79.0	17.0	0.3	90	175	10	0.03	0.28	0.1
荷兰圆形干酪 Edam	33.8	31.7	28.4	850	640	900	0.04	0.5	—
法国浓味干酪 Camembert	52.2	17.5	24.7	105	339	1010	0.04	0.75	0.8
青纹干酪 Blue Cheese	40.0	22.6	34.1	900	700	1100	0.04	0.05	0.4

但与乳不同的是，干酪中的蛋白质经过发酵后，通过凝乳酶或微生物中的蛋白酶进行水解，形成了氨基酸、肽、胨等，非常容易被人体消化吸收，其蛋白质的消化率高达 96%～98%。因此干酪的营养价值非常高。

二、干酪的分类

1. 干酪一般分为三大类，即天然干酪、融化干酪和干酪食品。三种类别的不同如表 6—2 所示。

表 6—2 三类干酪的不同概念

种　　类	概　　念
天然干酪	以乳、稀奶油、脱脂乳或部分脱脂乳、酪乳或混合乳为原料，经凝乳后排出乳清而制得的新鲜或成熟的产品，允许添加天然香辛料。
融化干酪	用一种或多种天然干酪，经粉碎混合并加热融化，乳化后制得的产品，要求含乳固体≥40%；允许添加香料、调味料。
干酪食品	用一种或多种天然干酪或融化干酪，经粉碎混合，加热融化后制得的产品，要求产品中干酪数量≥51%；允许添加香料、调味料但≤产品干物质的 1/6；添加非乳的脂肪、蛋白质或碳水化合物≤产品 10%。

2. 天然干酪的分类

全世界上的天然干酪的种类达 800 多种，国际上通用的分类方法如下所示：

(1) 按水分含量分类：特硬干酪、硬质干酪、半硬质干酪、软质干酪，如表 6－3 所示；

(2) 按脂肪含量分类：高脂、全脂、中脂、低脂、脱脂；

(3) 按是否成熟分类：新鲜干酪、成熟干酪；

(4) 按组织状态分类：圆孔干酪、组织致密干酪、组织呈颗粒干酪；

(5) 按凝乳方法分类：酶凝固干酪、酸凝固干酪。

表 6－3 天然干酪的种类

<table>
<tr><th colspan="2">干酪种类</th><th>水分含量（%）</th><th>与成熟有关的微生物</th><th>主要品种</th><th>原产地</th></tr>
<tr><td colspan="2" rowspan="3">软质干酪</td><td rowspan="3">40～60</td><td>不成熟</td><td>农家干酪</td><td>美国</td></tr>
<tr><td>细菌</td><td>林堡干酪</td><td>比利时</td></tr>
<tr><td>霉菌</td><td>浓味干酪</td><td>法国</td></tr>
<tr><td colspan="2" rowspan="2">半硬质干酪</td><td rowspan="2">36～40</td><td>细菌</td><td>莫兹瑞拉干酪</td><td>德国</td></tr>
<tr><td>霉菌</td><td>青纹干酪</td><td>法国</td></tr>
<tr><td rowspan="2">硬质干酪</td><td>实心</td><td rowspan="2">25～36</td><td>细菌</td><td>高达干酪</td><td>荷兰</td></tr>
<tr><td>有气孔</td><td>细菌（丙酸菌）</td><td>瑞士干酪</td><td>瑞士</td></tr>
<tr><td colspan="2">特硬干酪</td><td>≤25</td><td>细菌</td><td>罗马诺干酪</td><td>意大利</td></tr>
</table>

第二节 干酪发酵剂

一、发酵剂的种类

在干酪的加工生产过程中，需要使用发酵剂使干酪进行发酵和成熟。干酪发酵剂一般分为细菌和霉菌两大类。

1. 细菌发酵剂

主要以乳酸菌为主，常用的有乳酸链球菌（Str. lactis）、乳脂链球菌（Str. cremoris）、丁二酮链球菌（Str. diacetylactis）、干酪乳杆菌（L. casei）、嗜酸乳杆菌（L. acidophilus）、保加利亚乳杆菌（L. bulgaricus）以及噬柠檬酸明串珠菌（Leu. citrovorum）等。有时为了使干酪呈现特有的组织状态，例如出现气孔，还需要使用丙酸菌。

2. 霉菌发酵剂

常用的霉菌主要是脂肪分解能力强的卡门培尔干酪青霉（P. camenbertis）、干酪青霉（P. caseicolum）、娄地青霉（P. rogueforti）等。有些品种的干酪还需要使用酵母菌，例如解脂假丝酵母（Cand. lypolytica）等。

二、发酵剂的作用

1. 乳酸菌发酵剂的作用

在干酪生产过程中使用乳酸菌发酵剂主要有两方面作用：

（1）乳酸菌发酵乳糖产生乳酸

①乳酸为凝乳酶提供了良好的酸性环境，促进了凝乳酶的活性，增强其凝乳作用；

②乳酸可以调节酸度，有利于凝乳块的收缩，形成干酪良好的弹性；

③乳酸有利于提高乳中的可溶性钙的浓度；

④乳酸有利于乳清的渗出，赋予产品良好的组织状态；

⑤乳酸提高的酸性环境还可以防止有害微生物的生长，保证产品的品质。

（2）乳酸菌发酵柠檬酸产生多种风味物质

发酵柠檬酸产生的风味物质，例如乙醛、双乙酰等，可以赋予干酪特有的风味，提高产品的品质。

（3）丙酸菌的使用

主要发酵丙酸，产生二氧化碳，在干酪内部产生特殊的气孔，赋予干酪特有的组织状态，也是某些干酪的特征状态，例如瑞士干酪。

2. 霉菌发酵剂的作用

霉菌发酵剂的主要使用脂肪分解能力强的卡门培尔干酪青霉

(Pen. Camenberti)、干酪青霉（P. caseicolum)、娄地青霉（Pen. Rogueforti）等霉菌。某些酵母，如解脂假丝酵母（Cand. lypolytica）等也在一些品种的干酪中得到应用。霉菌发酵剂在干酪生产中常作为二级发酵剂使用，霉菌一般在干酪表面或者内部生长，会产生色素，同时分解蛋白质和脂肪，产生风味物质。

例如蓝纹干酪，又称青纹干酪，其在生产过程中使用的霉菌发酵剂为娄地青霉。娄地青霉在生长过程中颜色会由绿变青，再由青变蓝，成熟后干酪内部会形成蓝色的霉纹，蓝纹干酪也由此得名。

三、发酵剂的制备

1. 发酵剂的组成

(1) 单一菌种发酵剂

只含有一种菌的发酵剂，例如乳酸链球菌（Str. lactis）或乳脂链球菌（Str. cremoris）等。

(2) 混合菌种发酵剂

含有两种或以上的菌的发酵剂，一般是产酸与产香或能形成特征组织状态的菌相结合使用，但具体组合以及配比需要根据不同产品进行选择。

目前的干酪生产多使用混合菌种的发酵剂，其优点在于混合菌种能够形成乳酸菌的活性平衡，较好地满足制品发酵成熟的要求，且混合菌种不能同时被噬菌体污染，从而减少其危害程度；而其缺点在于每次活化培养都很难保证同原来菌种的组成比例完全一致，导致活力和发酵情况有一定的差异。因此，混合菌种发酵剂对培养和生产中的要求都比较严格。

因此，目前在干酪生产中常采用的发酵剂一般均采用直投式干酪发酵剂（DVI)，它主要采用冷冻干燥技术生产和真空复合金属膜包装，按使用说明进行投放，使用方便、安全。例如丹麦汉森公司出品的干酪发酵剂，其菌种组成如表 6－4 所示。

表 6—4 丹麦汉森公司干酪发酵剂的菌种组成

菌　　种	商　品　名		
	BD	B	O
乳酸链球菌（Str. lactis）			2%～5%
乳脂链球菌（Str. crem-oris）			95%～98%
丁二酮链球（Str. diacety-lactis）	60%～85%	90%～95%	95%～98%
嗜柠檬酸明串珠菌（Leu. Citrovorum）	15%～20%	<0.1%	<0.0001%
嗜热乳链球菌（Str. ther-mophilus）	5%～30%	5%～10%	<0.0001%

2. 发酵剂的制备

(1) 乳酸菌发酵剂

制备方法同发酵乳的发酵剂制备，如第五章第二节所述。要求干酪乳酸菌发酵剂的工作发酵剂的酸度达到0.75%～0.85%。

(2) 霉菌发酵剂

培养基：除去表皮并切成小立方体的面包，加少量水和乳酸后灭菌待用；

接种霉菌：将霉菌悬浮于无菌水中，喷洒于面包培养基上；

培养条件：21℃～25℃恒温培养 8～10 天，使霉菌孢子布满面包表面；

发酵剂制备：将表面布满霉菌孢子的面包置于 30℃下干燥 10 天或室温下真空干燥，制成粉末，筛选后待用。

(3) 直投式干酪发酵剂（Direct vat inoclution，DVI）

经真空冷冻干燥制成的发酵剂，呈均匀松散的粉末状。根据实际生产的干酪品质和干酪产量选择直投式发酵剂的种类和使用量。该种发酵剂使用和保存方便，且制备过程简单，因此应用十分广泛。

四、发酵剂的质量控制

1. 发酵剂的质量要求

干酪的发酵剂必须满足以下质量要求：

（1）凝块：需要适当的硬度，均匀且细腻，富有弹性，组织均匀一致，无变色、龟裂、产生气泡及乳清分离现象；

（2）风味：具有良好的酸味和风味，不得有不洁味、腐败味、苦味、饲料味和酵母味等异常气味；

（3）凝块完全粉碎后，质地均匀细腻滑润，略带黏性，不含块状物；

（4）按规范方法接种后，在一定时间内产生凝固，无延长现象；活力测定符合要求。

2. 发酵剂的质量检测

由于发酵剂的质量直接决定产品的质量，因此要对发酵剂进行严格的质量检测，以确保其质量合格。

（1）感官检查：按照以上质量要求对发酵剂进行感官检查。

（2）活力测定

①酸度测定：

在灭菌后的脱脂乳中（冷却至37℃）接种3%的发酵剂，37℃培养3.5h后，测定其酸度，酸度达到0.4%（乳酸），说明其活力良好。

②刃天青还原试验：

在9ml脱脂乳中加入发酵剂1ml和0.005%刃天青溶液1ml，36.7℃培养至完全褪色。褪色时间在35min以上，说明活力良好。

（3）化学性质检测：测定酸度为0.8%～1.0%（乳酸）。

第三节　凝乳酶

一、凝乳酶

1. 作用

凝乳酶的作用主要是微量促进乳的凝结，利于乳清的排出。除了部分新鲜干酪使用乳酸凝乳，一般的干酪生产均采用凝乳酶。

2. 常用的凝乳酶

干酪生产比较常用的凝乳酶为皱胃酶，其他凝乳酶为皱胃酶的替代酶。

二、皱胃酶

1. 来源

皱胃酶是由牛犊或羔羊的第四胃分泌的，制备较为复杂，且由于其产量有限，故制备的成本很高。

乳品加工厂自行制备皱胃酶的工序复杂且需要相应的技术，所以一般都直接购买皱胃酶的成品，使用简单方便。

2. 活力测定

(1) 定义：皱胃酶的活力是指1ml皱胃酶溶液（或1g干粉）在一定温度（35℃）一定时间（通常40min）内能凝固原料乳的毫升数。

(2) 测定方法：方法较多，比较简便的方法如下所示：

取100ml原料乳于烧杯中，加热至35℃后加入10ml 1%的皱胃酶食盐水溶液，迅速搅拌均匀，并加入少许炭粒或纸屑作为标记物；准确记录从开始加入酶溶液至乳凝固所需的时间（s），按下式进行计算：

$$\text{活力}=\frac{\text{试验使用的原料乳数量}}{\text{皱胃酶的使用量}}\times\frac{2400\ (\text{s})}{\text{凝乳时间}\ (\text{s})}$$

3. 皱胃酶的使用

皱胃酶的使用量需根据其活力计算确定。

例如：今有原料乳80kg，用活力为100000单位的皱胃酶进行凝乳，需加多少皱胃酶？

$$\frac{1}{100000}=\frac{x}{80000}$$

$x=0.8g$

即80kg原料乳需要加入0.8g皱胃酶。

三、替代酶

由于皱胃酶的制作成本高，因此购买价格相比之下也比较高。为了降低干酪的生产成本，目前随着科技的发展，出现了许多皱胃酶的替代产品。

1. 动物性凝乳剂

使用其他动物的胃蛋白酶来代替牛的皱胃酶。我国猪的屠宰量比较大，因此使用猪的胃蛋白酶比较多，也比较经济。但猪的胃蛋白酶稳定性较差，单独使用凝乳效果不好，可以与牛的皱胃酶配合使用，即部分替代皱胃酶，可以降低部分成本。

2. 植物性凝乳剂

主要是使用植物蛋白酶代替皱胃酶。植物蛋白酶比较容易提取，在植物的果实、根、茎、叶等部位均可以提取出植物蛋白酶。凝乳效果经研究表明比较好，但其有效成分和作用机理需进一步研究。

3. 微生物凝乳剂

由于微生物中含有各种各样的酶，故人们在其中寻找适合替代皱胃酶的蛋白酶。目前国际上常用的微生物凝乳剂主要是由米黑毛霉等生产的。我国在 80 年代后期开始研究微生物凝乳剂，现在也取得了很多进展。微生物凝乳剂的凝乳效果基本可以替代牛的皱胃酶。

4. 利用遗传工程技术生产皱胃酶

利用遗传工程技术生产皱胃酶主要是 DNA 重组技术，将控制牛犊皱胃酶合成的 DNA 分离出来，导入微生物细胞内，利用微生物来合成皱胃酶。该技术生产的重组凝乳酶在美国和英国被广泛用于干酪生产中，在我国还处于研究阶段。

第四节　干酪的加工

一、干酪的通用加工流程

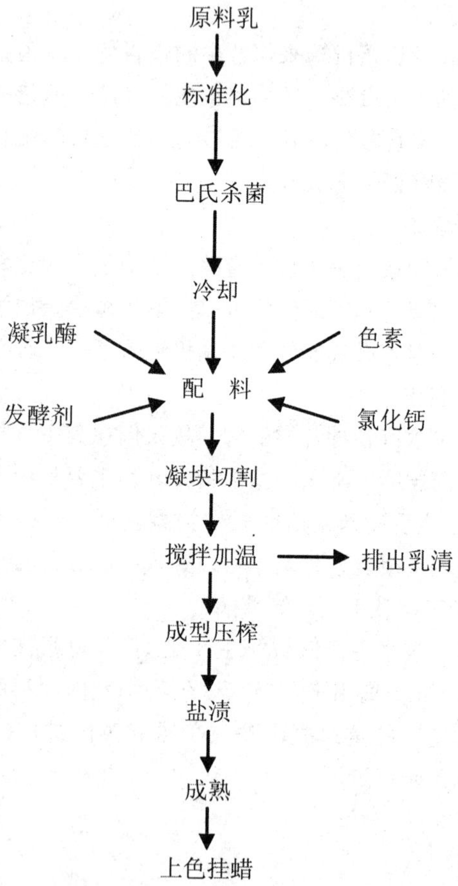

图 6－1　干酪的加工工艺流程

二、工艺要点

1. 对原料乳进行预处理

与大多数乳制品一样，干酪的原料乳也要经过除杂，分离和标准化、灭菌等一系列预处理工序。

（1）分离和标准化

调整原料乳的脂肪和酪蛋白的比例（C/F），使每批产品组成一致；成品符合销售的统一标准；质量均匀，缩小偏差等。

（2）灭菌

原料乳先要经过63℃～65℃，15～16s的热处理，这样可以有效的降低细菌总数，利于储存。

在加工时，还必须经过正式的巴氏杀菌（通常为63℃，大于30min），高温短时间热处理（HTST）也常被使用。

还可以选择温和的热处理，60℃，16s。有人认为这种温和的热处理能够使干酪更加富有风味。与生奶干酪一样，只经过温和热处理的干酪必须成熟至少60天后，才能出售。

2. 常用的添加剂

（1）$CaCl_2$

$CaCl_2$ 用来弥补巴氏杀菌造成的原料乳中Ca离子的损失，增加Ca离子的浓度，以促进凝乳酶凝乳。

添加 $CaCl_2$ 可以减少凝乳酶的用量，提高凝乳性能。如果原料乳质量差，凝乳性能不好，凝块松散，为了改善凝固性能，提高干酪的质量，可在每100kg原料乳中添加5～20g的氯化钙，但不能过量，过量会使凝块太硬，难于切割。

（2）色素

由于原料乳的颜色会随着季节而改变，因此为了对干酪颜色进行标准化，有时要添加色素。常用的色素有β—胡萝卜素，胭脂红，辣椒色素。

加入方法：将色素用6倍的灭菌水稀释后加入灭菌后的原料乳中，

充分搅拌，混合均匀。

（3）脂肪酶

由于生奶中的脂肪酶在巴氏杀菌过程中失活，因此为了通过水解脂肪来产生更多的风味物质，就需要添加脂肪酶，小山羊分泌的脂肪酶比较常用。

（4）硝酸盐

如果生产干酪的原料乳中含有丁酸菌或产气菌时，就会产生异常发酵。这时可以使用硝酸盐（硝酸钠或硝酸钾）来抑制细菌，但其使用量需要进行控制，不宜过多使用。因为过多地使用硝酸盐也将抑制发酵剂中细菌的生长，从而影响干酪的成熟。通常硝酸盐的最大允许添加量为20g/100kg牛乳。如果原料乳经过离心除菌，可大大减少用量。

3. 接种发酵剂和原料乳的熟化

大体上说，干酪制作的基础就是乳酸菌发酵。乳酸菌发酵产生乳酸，乳酸能够降低pH，促进凝乳和脱水作用，抑制病原菌和腐败菌的生长，还可以改善干酪的质地和风味，以及保持干酪的品质。另外，乳酸菌可以分解蛋白质和脂肪，促进风味物质的产生。

接种方法：灭菌后的原料乳泵入干酪槽内，冷却至30℃～32℃时加入发酵剂。接种量为原料乳量的1%～2%，边搅拌边加入，并在30℃～32℃下充分搅拌3～5min。为了促进凝固和正常成熟，加入发酵剂后应进行短时间的发酵，以保证充足的乳酸菌数量，此过程称为预酸化。约经10～15min的预酸化后，取样测定酸度。不同类型的干酪需要使用发酵剂的剂量有所不同。

接种发酵剂之后，要将原料乳在25℃～30℃下放置45～60min，使乳酸菌充分活化后开始生长和产酸，这个过程称为“原料乳的熟化”，也就是发酵过程。该步骤在添加凝乳酶之前进行。

4. 凝乳

凝乳就是指通过降低酪蛋白胶粒的稳定性，来使其凝聚并形成网状结构凝胶的过程。生产厂家常采用三种方法来实现凝乳：

(1) 酶凝乳法

最常用的凝乳剂是凝乳酶，详见本章第三节所述。

凝乳酶的加入方法：

①粉状凝乳酶：用1%的食盐水（或灭菌水）将凝乳酶配成浓度为2%的溶液，并在28℃～32 ℃下保温30min，使酶复活，然后加入到原料乳中，充分搅拌，混合均匀，加盖静止使其凝乳。

②液体凝乳酶：用2倍的灭菌水稀释后再加入到原料乳中，充分搅拌，混合均匀，加盖静止使其凝乳。

(2) 酸凝法

降低pH可以导致酪蛋白胶粒变得不稳定而发生凝聚，可以通过乳酸菌发酵来酸化原料乳，也可以通过添加酸化剂来降低pH，例如葡萄糖酸内酯。使用酸凝法凝乳的干酪有农家干酪、夸克干酪和奶油奶酪等。

(3) 加热酸凝法

热处理导致乳清蛋白变性，凝结在酪蛋白胶粒表面。然后，由于酸的加入，乳清蛋白就与蛋白质胶粒一起凝聚。在酶凝乳法的干酪中，蛋白质的利用率为76%～78%，而加热酸凝法中，利用率高达90%。采用加热酸凝法的干酪有意大利乳清干酪等。

5. 凝块切割

在原料乳凝结成凝乳块，并达到理想的硬度之后，就开始进行切割，用专门的干酪刀或不锈钢丝纵横切割成7～10mm立方体小块，然后进行轻微的搅拌，使凝块颗粒悬浮在乳清中，使乳清分离。

切割后的小凝乳块收缩并排出淡绿色的液体即乳清。切割可以使凝乳块的表面积增加并且距离缩短，能够促进乳清排出。通过加热能够使小凝乳块进一步收缩，同时也促进乳酸菌更快发酵，产生的乳酸也可以促进乳清排出。

开始加热要缓和，再逐渐提高温度，一般每分钟提高1℃～2℃，直到干酪槽内温度至32℃～36℃为止。在加热时应不断搅拌，以防凝块颗粒沉淀。经加热后的凝块体积缩小为原来的一半。加热温度的提高和切割较细时，可加速乳清的排出而使干酪制品含水量降低。加温过快，会使凝块表面结成硬膜，使颗粒内外硬度不一致而影响乳清排出，从而降低干酪品质。

加热的时间与温度决定了成品干酪的水分含量，而水分的多少又决定了可发酵乳糖的含量，因而影响着成品干酪的 pH，所以加热过程必须加以控制。

6. 成型压榨

当凝块达到合适的水分含量和酸度后，就将凝乳块从乳清中分离出来。可以简单地将上层乳清倒掉，或依靠重力压榨干酪来沥干乳清。有的干酪品种是将凝乳和乳清的混合物放入模子里进行压榨。有些干酪还要经过浸洗的工序，这样能够增加水分含量，并降低乳糖含量和酸度，减小硬度，使干酪结构更加松散。

7. 盐渍

不同的干酪品种之间，凝乳块的处理方法也有很多差别。盐渍是一种方式。加盐可改善干酪风味、硬化凝块和增强防腐作用。可以通过盐水腌渍，比如高达干酪；也可以进行表面盐渍，比如菲达干酪；而契达干酪则在干酪槽中进行盐渍。在契达干酪的制作过程中，为了形成理想的干酪特性，必须对凝乳块进行一些处理，包括堆酿、磨碎、压榨。

（1）盐渍的目的

①改进干酪的风味、组织和外观；

②排除内部乳清或水分，增加干酪硬度；

③限制乳酸菌的活力，调节乳酸的生成和干酪的成熟；

④防止和抑制杂菌的繁殖。

（2）加盐方法：加盐量应按成品的含盐量确定，一般在1%～3%范围内。

①干盐法：

在定型压榨前，将粉碎的食盐撒布在干酪粒中，并在干酪槽中混合均匀，通过干酪的水分将盐溶液而渗透到内部去。这种方法加盐使干酪的含水量增高，质地柔软，但乳清中含盐量高，不利于以后乳清的处理。也可以将食盐涂布在压榨成型后的干酪表面。这种方法阻止眼孔的形成，费工，不易掌握量。

②湿盐法：

将压榨后成型的生干酪浸于浓度22%的盐水池中腌渍。腌渍的第1～2天，盐水浓度保持在17%～18%，以后保持在20%～23%。为了防止干酪内部产生气体，盐水的温度应保持在8℃～10℃左右，腌渍时间一般为4天，最终使干酪中食盐含量达1%～2%。

③混合法：将干盐法和湿盐法结合使用，即混合法。

8. 干酪的成熟

为了改善干酪的组织状态，增加干酪特有的滋气味，盐渍后的干酪必须进行2个月的成熟。除了新鲜干酪，所有的干酪都要经过成熟，直到干酪达到理想的综合特性，包括风味、质地、颜色等方面。

干酪成熟是复杂的生物化学与微生物过程。目前认为干酪成熟是以乳酸发酵、丙酸发酵为基础，并与温度、湿度和微生物的种类有密切关系。降低成熟温度，会延长所需要的成熟时间，但产品风味较好。

成熟分为两个阶段：

第一阶段：成熟室温度控制为10℃～12℃，相对湿度为90%～95%，排放在架上的干酪需要每天翻转一次。一周后用70℃～80℃的热水浸烫一次，以增加干酪表面的硬度。以后每隔7天水洗一次，如此保持20～25天。

第二阶段：成熟室温度控制为12℃～14℃，相对湿度为80%～90%，每隔12～15天用温水洗一次，持续2个月。

在成熟过程中，蛋白质、脂肪和乳糖等都会发生降解，产生风味物质。导致降解发生的原因可能有：

①原料乳中的细菌和酶；

②乳酸菌发酵剂；

③凝乳酶；

④脂肪酶；

⑤霉菌或酵母发酵剂；

⑥环境中的杂菌。

另外，凝乳块的微生物特性、生物化学特性、环境温度和湿度都影响着最终的产品质量。不同种类的干酪，其成熟的持续时间从几周到几年不等。

9. 上色挂蜡

成熟后的干酪，为了防止水分损失、外界的污染、霉菌的生长和良好的外形等，对干酪都进行包装，即上色挂蜡后再包装。

具体步骤是：将成熟的干酪清洗干燥后，用食用色素染成红色；待色素完全干燥后再在160℃的石蜡中对干酪进行挂蜡，或用收缩塑料薄膜进行密封。

硬质干酪通常涂挂有色素的石蜡，如我国生产的荷兰硬质干酪就是用红色石蜡涂色。而半硬干酪和软质干酪常用塑料薄膜包装，再装入纸盒或铝箔中。

10. 贮存

将成品干酪放在温度为5℃、相对湿度为80%～90%的条件下进行贮存。但研究表明，将干酪最好在－5 ℃和90%～92%的相对湿度下进行贮藏可以保存一年以上。

贮存过程可以：

(1) 使干酪产生一定的气味、滋味和软硬度；

(2) 产生良好的、合适的组织结构；

(3) 进行特殊处理以形成外壳在贮存和运输中保护干酪。

11. 包装

干酪在移出贮藏室之前进行包装，尽管所用包装材料不同，但目的相同：

(1) 保护干酪不受异味污染，不受外界的微生物、昆虫等侵扰；

(2) 防止水分损失；

(3) 保护干酪形状；

(4) 美化外观。

硬质干酪通常加蜡质或塑料或树脂保护层；契达干酪一般用干酪布包装，然后挂蜡；半硬质干酪和软质干酪用铝箔或塑料薄膜包装，然后装入纸盒中。

三、融化干酪的加工工艺

1. 融化干酪的概念

用一种或多种天然干酪，经粉碎混合并加热融化，乳化后制得的产品，要求含乳固体≥40%；允许添加香料、调味料。

2. 与天然干酪的不同点

（1）原料不同：融化干酪可以将不同组织和不同成熟度的干酪适当配合，制成质量一致的产品；而天然干酪使用原料乳加工而成；

（2）风味不同：融化干酪的风味可以随意调配，但失去了天然干酪的风味；

（3）包装不同：融化干酪一般用铝箔或合成树脂严密包装，贮存中水分不易消失；且其产品形状和重量可以任意选择，最普通的为：三角形铝箔包装，每 6 块装一圆盒，也有 8 片和 12 片装一圆盒的；另外还有包成香肠状的片状、粉状等；而天然干酪一般为完整的大块包装。

3. 加工工艺流程

原料配合、整理
↓
切割、粉碎
↓
色素→配料←水
↓
加热融化←乳化剂
↓
乳化
↓
浇灌包装
↓
静置、冷藏
↓
成品

图 6—2　融化干酪的加工工艺流程

4. 加工要点

（1）原料配合和整理：将选好的干酪，先除去表面的蜡层和包装材料，并将霉斑等清理干净，进行配合。

（2）切割粉碎：将整理好的干酪切成块状，然后用粉碎机粉碎。

（3）加热融化

在融化锅中加入适量的水（通常是干酪重的5%～10%）、调味料、防腐剂和色素等，然后倒入搅碎的干酪，搅拌均匀；

色素一般采用安那妥或胡萝卜素。

在融化锅的夹层中通入蒸汽进行加热，当温度达到50 ℃左右时加入1%～3%乳化剂。最后将温度升至60℃～70 ℃，保温20～30min，使其完全融化。

（4）乳化

乳化剂通常有：磷酸钠、柠檬酸钠、偏磷酸钠和酒石酸钠等，可以单独使用，也可以配合使用。乳化剂中磷酸盐能提高干酪的保水性，可以形成光滑的组织；柠檬酸钠有保持颜色和风味的作用。

乳化剂的用量一般为1.5%～2.0%。乳化剂需用水溶解后再加入。加乳化剂后，如果需要调整酸度时，可以使用乳酸、柠檬酸、醋酸等。成品的pH值为5.6～5.8，不得低于pH5.3。

（5）浇灌包装：乳化后趁热浇灌入包装材料中，并在室温下放置24h，使气泡上浮。

（6）冷藏：静置后移入冷库中（0℃～5 ℃）即为成品。

四、新鲜干酪的加工工艺

1. 概念

新鲜干酪是未成熟的、用酸化的脱脂乳制成的干酪，例如农家干酪、稀奶油干酪、夸格等，也有少量品种添加凝乳酶。

为了使新鲜干酪有更柔和可口的味道，常常在凝块中加入稀奶油，添加水果、果汁、蔬菜或其他成分，品种随意变化。

新鲜干酪具有稠度均一、圆润、味道爽口、新鲜以及略带酸奶风味等特色，是用于午餐、快餐、甜食及类似情况下的理想食品，在许多国家都很受欢迎。

2. 加工工艺

脱脂乳
↓
热处理
↓
冷却
↓
发酵→发酵剂
↓
凝块切割
↓
加热（60℃）
↓
分离乳清
↓
收集凝块并冷却
↓
加入稀奶油←其他调香成分
↓
包装
↓
贮藏
↓
成品

图 6—3　新鲜干酪的加工工艺流程

3. 工艺要点

（1）发酵剂：新鲜干酪常用的乳酸发酵菌种是乳油链球菌、乳酸链球菌。

（2）发酵：接种后的脱脂乳泵入发酵罐内发酵 16～20h 后，pH 下降到约 4.6 并形成凝块。

（3）乳清分离：使用奶油分离机进行乳清分离。

第五节　干酪加工中的常见问题

一、加工过程中常见问题

1. 发酵效果不佳

干酪生产过程中，接种发酵剂后，有时会发生酸化缓慢或产酸失败等现象，分析原因和防止措施：

①原料乳中含有治疗乳牛疾病的抗菌素；加强原料乳中的抗生素检验；

②发酵剂中含有噬菌体；发酵剂要经常更换使用，以免噬菌体污染；

③生产设备清洗不净，洗涤剂和灭菌剂残留；按规定严格清洗。

2. 干酪产生苦味

干酪产生苦味是其产品极为常见的质量缺陷。虽然极微弱的苦味可构成契达干酪的风味成分之一，这是由特定的蛋白胨、肽分解产生的。但如果苦味很明显，令人不快，就需要加以改善。酵母或非发酵剂的杂菌都可以引起干酪的苦味，原料乳的酸度高、高温杀菌、凝乳酶添加量大以及成熟温度高等也均可能使干酪产品产生苦味。除了针对以上原因加以控制，还可以适当增加食盐添加量，可起到降低苦味的作用。

3. 干酪的组织状态粗糙和颗粒化，无光滑和均匀感。从融化锅中倾倒时，流态断断续续，不光滑流畅。分析原因：

（1）干酪过酸，可通过测定 pH 值进行检验；

（2）乳化盐用量不足；

（3）干酪料加热时间不足。

改善方法：

（1）添加少量 T 型乳化盐或者用混合碱性乳化盐，以提高 pH 值；在混料中增加成熟干酪的数量，也有利于提高 pH 值。

(2) 增加乳化盐的用量。

(3) 延长蒸融时间。

4. 干酪“发汗”

是指成熟过程中的干酪渗出液体。分析其原因是干酪内部的游离液体多且干酪内部压力过大所致，多见于酸度过高的干酪。改善方式除改进工艺外，控制酸度也十分必要。

5. 重制干酪呈多油、多脂现象，甚至表现为脂肪分离。分析原因：

(1) 所用原料干酪成熟过度，无足够的蛋白质建立稳固的框架。

(2) 乳化盐的使用量不是过高就是过低。

(3) 加水量不充分。

改善办法：

(1) 在混料中加入未成熟干酪；

(2) 所需乳化盐的量应增加或减少，通常用量的0.1%～0.3%即可；

(3) 适当增加水量。

二、干酪包装后常出现的问题

1. 块状重制干酪质地太软或太硬

分析原因：

(1) 水分含量过高或过低；

(2) 所用乳化盐不合适；

(3) 乳化盐使用量太少或太多；

(4) pH值太高；

(5) 干酪冷却速度过快或过慢；

(6) 混料不合适。

改善方法：针对以上原因在生产过程中加以控制。

2. 干酪有怪味，味道不正常

分析原因：

（1）由于使用了未成熟的干酪，使得再制干酪平淡无味。

（2）由于使用了成熟的干酪，使得再制干酪味道浓烈。

（3）由于干酪成熟过度，有霉菌繁殖的干酪，或使用了不洁净的奶油而造成再制干酪呈苦味，有哈喇味或肥皂味。

（4）由于使用了发酸的原料干酪，发酸凝乳块和低的 pH 值，使得再制干酪呈略苦或很苦的味道。也可能是由于后来的其自身产生的酸（乳酸、丁酸）造成。如用亚硫酸做防腐剂时，由于硫酸的存在，有较浓的酸味。

（5）干酪具有肥皂或洗涤剂味，主要是由高 pH 值（尤其是 pH≥6.2 时）造成。

（6）由于用了过度成熟或有腐败味的原料干酪，使重制干酪有腐败味；当有梭状芽孢杆菌生存和繁殖时，也可能产生这种味道。

（7）由于用了霉菌污染的干酪作为原料，再制干酪会产生陈腐味和霉味。

（8）蒸煮味，是由于再制干酪受热过度，尤其是当含有乳糖和用夹层加热时而造成。

改善方法：

（1）把成熟的、味道较好的干酪加入混料中，或加入风味添加剂和佐料。

（2）不用有质量缺陷的干酪，剔除有不良风味的干酪。

（3）检查水和蒸汽的纯度。

（4）减少混料中乳清制品的添加量。

（5）含有乳糖的重制干酪，融化加热温度不能大于 90℃。必须单一使用夹层加热时，其温度不得超过 70℃。对桶装再制干酪进行杀菌时，应把 pH 值提高到 0.2～0.3 个单位，并密切控制杀菌时间和温度。

3. 干酪的中心呈现浓重的“棕色化”

有的干酪表面色泽正常，但在内部有较强的变色现象，这种质量缺陷通常发生在装入大盒或圆桶中的预融干酪中。这种棕色变化，也叫做美拉德反应，该反应主要发生在含有乳糖的未成熟的干酪中，或者发生在含有乳粉或乳清粉的干酪涂布品中。

改善方法：

预融干酪只能装入小型容器中，也就是窄而长的洁净木盒子中，最好不用金属容器。不论何种容器，建议要把再制干酪在薄层状态下进行冷却，然后一层压着一层装入。严重变色的预融干酪不能作为风味物质使用。

第七章　乳粉的加工

乳粉是用冷冻或加热的方法，除去乳中几乎全部的水分，干燥后制成的粉末状乳制品。乳粉的生产过程可以使牛乳含水量由88%转变为2%，这样大大缩小了牛乳的体积，使其使用方便，且利于包装、运输和保藏。

第一节　乳粉的概述

一、乳粉的分类

世界上的乳粉种类很多，凡是最终能制成干燥粉末状态的乳制品都可以划入乳粉的范围，但目前国内主要生产全脂乳粉、脱脂乳粉、速溶乳粉、母乳化乳粉及强化乳粉等种类。不同种类的乳粉如表7—1所示。

表7—1　不同种类的乳粉

种　类	原　料	特　点
全脂乳粉	牛乳	保持牛乳的香味和色泽。
全脂加糖乳粉	牛乳、糖类	在保持牛乳香味和色泽的同时，还带有适口的甜味。
脱脂乳粉	脱脂牛乳	乳香味差，但耐保藏且不易被氧化。
速溶乳粉	全脂或脱脂牛乳	比普通乳粉的颗粒大，易于冲调，使用更为方便。
母乳化乳粉	牛乳、植物油、脱盐乳清、营养强化剂等	改变牛乳的营养成分配比，使其更接近人乳的营养配比，是婴幼儿理想的代母乳食品。
强化乳粉	牛乳、糖类、营养强化剂等	针对有特殊需求的特定人群，添加相应的营养强化剂。

续表

种　类	原　料	特　点
乳清粉	乳清（干酪或干酪素生产的副产品）	含有大量乳清蛋白、乳糖，是配制婴幼儿食品的主要原料。
酪乳粉	酪乳（奶油生产副产品）	含有较多的磷脂、蛋白质，常用于冷食、面包、糕点等的辅料。
奶油粉	稀奶油、非脂乳固体、添加剂	保存期长，常用于食品生产的配料。

二、乳粉的营养成分

乳粉虽然去除了牛乳中大部分水分，却保留了牛乳的营养成分。但不同种类的乳粉，由于其生产原料和添加物不同，营养成分有所差别。几种不同种类乳粉的主要营养成分如表 7—2 所示。

表 7—2　乳粉的主要营养成分

种类	水分（%）	脂肪（%）	蛋白质（%）	乳糖（%）	灰分（%）
全脂乳粉	2.00	28.60	27.50	36.00	5.90
脱脂乳粉	3.00	1.00	36.00	52.00	8.00
母乳化乳粉	2.50	26.00	13.00	56.00	3.20
强化乳粉	2.00	19.00	18.00	56.50	4.50
脱盐乳清粉	3.00	1.00	15.00	78.00	2.90
酪乳粉（甜性）	3.90	4.68	35.78	47.84	7.80

三、常用的乳粉加工方法

乳粉的加工方法不同，主要是干燥方法不同。常用的干燥方法有喷雾干燥法、滚筒干燥法、冷冻干燥法以及升华干燥法。

具体方法见第三章第七节所述。

第二节　全脂乳粉的加工

一、全脂乳粉的加工流程

原料乳验收
↓
预处理
↓
预热杀菌
↓
真空浓缩
↓
喷雾干燥
↓
乳粉冷却
↓
过筛
↓
成品包装

图 7—1　全脂乳粉的加工流程图

二、工艺要点

1. 原料乳验收

原料乳的质量决定乳粉产品的质量，因此对原料乳要进行严格的验收检验。

需要进行验收的主要检验内容如下：

（1）感官指标：色泽、滋气味、组织状态、杂质度等；

（2）理化指标：酸度、比重、脂肪、蛋白质、乳固体等；

（3）微生物指标：大肠菌群、细菌总数、体细胞、抗生素等。

以上指标及检验方法要求依照国标要求执行。根据不同质量的原料乳，安排加工适合的乳制品。

2. 原料乳预处理

（1）原料乳的净化

牛乳通过纱布粗滤，除去较大的杂质和异物；通过净乳机使牛乳进一步净化，可以去除牛乳中的乳泥、脱落的乳房上皮细胞、白细胞等异物，对改善成品品质有重要作用。

（2）原料乳的标准化

为了保证产品质量的稳定性及固定的产品组成，原料乳必须经过标准化。当原料乳的脂肪不足时，需要添加稀奶油或去除部分脱脂乳来提高其含脂率；当原料乳的脂肪过高时，则需要去除部分稀奶油或添加部分脱脂乳。

具体计算方法见第三章第三节所述。

3. 原料乳的预热杀菌

（1）目的

①杀灭原料乳中的细菌，保证产品的品质和安全；

②破坏原料乳中酶的活力，利用乳粉的保藏；

③提高牛乳蛋白的热稳定性；

④预热可以满足后续工序中牛乳浓缩的温度需要。

（2）杀菌方式

不同的产品可根据本身的特性选择合适的杀菌方法。乳粉加工过程中常采用高温短时灭菌法，可使牛乳的营养成分损失较小，乳粉的理化特性较好。

4. 真空浓缩和喷雾干燥

预热灭菌后的牛乳进入真空蒸发器进行真空浓缩，在此工序中牛乳中的65％的水分会被除去，然后在通过喷雾干燥进一步除去浓缩乳中多余的水分，达到干燥制粉的目的，这样可以很大程度地降低生产成本。

一般要求原料乳浓缩至原体积的1/4，乳干物质达到45％左右。浓缩后的乳温约47℃～50℃。不同种类乳粉真空浓缩的要求如表7－3所示。

表 7—3 不同种类乳粉真空浓缩的要求

种　类	浓　度	乳固体含量
全脂奶粉	11.5～13 波美度	38%～42%
脱脂奶粉	20～22 波美度	35%～40%
全脂甜奶粉	15～20 波美度	45%～50%

真空浓缩和喷雾干燥的具体工艺如第三章第六、七节所述。

5. 出粉、冷却、过筛和贮粉

（1）出粉

喷雾干燥后的乳粉应立即送出干燥室即出粉，及时冷却，以避免受热时间过长。如果受热时间长，会使乳粉中的游离脂肪酸增加，容易使乳粉在保藏期间发生氧化，影响乳粉的品质。

（2）冷却

乳粉出干燥室的温度达到 60℃，必须使其冷却至 25℃以下才能进行包装。一般采用流化床或气流式进行送粉、冷却，全过程迅速，仅需数秒钟即可完成。

（3）过筛

过筛是将粗粉和细粉混合均匀，并除去大块乳团、粉渣等，使乳粉呈均匀、松散的粉末状。一般过筛采用机械振动筛，筛底网眼为 40～60 目。

（4）贮粉

贮粉是将过筛后的乳粉仓房在积粉斗或积粉箱内，存放待包装。贮粉有利于提高乳粉的表观密度，有利于包装。贮粉期间要注意防止细菌污染或虫子爬入，以确保产品质量。

第三节　其他种类乳粉的加工

一、脱脂乳粉的加工

与全脂乳粉不同的是，脱脂乳粉是采用脱脂乳为主要原料生产加工而成的。在加工过程中，需要将原料乳经过奶油分离制成脱脂乳，再进一步进行干燥制成脱脂乳粉。

1. 加工流程

脱脂乳粉的加工流程如图 7—2 所示。

原料乳验收
↓
预处理
↓
牛乳预热
↓
分离→稀奶油
↓
加热杀菌
↓
真空浓缩
↓
喷雾干燥
↓
乳粉冷却
↓
过筛
↓
成品包装

图 7—2　脱脂乳粉的加工流程图

2. 工艺要点

(1) 牛乳的预热分离

脱脂乳粉的预热是为了分离需要，而不是为了满足杀菌和浓缩的需要，因此其预热温度达到 38℃左右即可进行牛乳的分离。

(2) 分离

牛乳分离的目的就是将原料乳分成稀乳油和脱脂乳两部分。脱脂乳粉的加工就需要脱脂乳为原料，因此这个加工单元是脱脂乳粉所特有的，详细的讲述可见第三章第二节部分。脱脂乳粉的原料脱脂乳要求控制含脂率≤0.1%。

（3）加热

由于脱脂乳中的乳清蛋白热稳定性差，杀菌和浓缩的温度过高会引起蛋白变性，从而影响成品的溶解度，且会产生异味。因此要避免此种情况产生，同时还要达到杀菌和浓缩的要求，因此脱脂乳的杀菌条件为80℃保持15s为最佳；浓缩条件为温度不超过65.5℃，浓度为15～170Be，乳固体含量控制在36%最佳。加热条件对乳清蛋白变性的影响如表7—4所示。

表7—4 加热条件对乳清蛋白变性的影响

乳清蛋白变性的程度（%）	加热条件	
	15s/温度（℃）	30s/温度（℃）
5	80	66
10	82	67.5
15	84	68
20	86	69.5
25	87	71
30	87	71.5
35	88	72
40	89	73

二、配制乳粉

配制乳粉不同于全脂乳粉的是，配制乳粉除了主要原料牛乳、糖之外，还需要添加许多食品添加剂。

例如婴幼儿配制乳粉，其特点为食用人群是婴幼儿，因此要求所生产的婴幼儿乳粉能够模拟母乳，就要调配牛乳的蛋白质、脂肪等营养物质的含量，且要求添加婴幼儿能够摄入的维生素、矿物质、脂肪酸等营养添加剂来满足婴幼儿生长发育的需要。再如中老年乳粉或孕妇乳粉，就需要依据其特点人群的需要来对牛乳进行配制，生产出符合消费者需求的乳粉。

因此，配制乳粉在配料的加工单元要复杂些，且需要根据其所添加的配料对工艺流程作出相应的调整。

以下以婴儿配方乳粉的加工为例，对配制乳粉的加工加以说明。

1. 婴儿配方乳粉的加工流程

婴儿配方乳粉的加工一般有两种流程，这两种生产工艺，加工厂可以根据实际生产情况进行选择。

（1）全脂乳、脱脂乳（经脱盐处理）添加乳糖、植物油以及脂溶性维生素，经浓缩喷雾干燥成粉后，再添加热稳定性差的维生素等，充分混合后制成成品，具体流程如图 7－3 所示。

（2）将全脂乳、脱脂乳、脱盐乳清等原料标准化，添加糖类、脂溶性维生素以及其他微量元素，经杀菌、浓缩、喷雾干燥成粉后，再与热稳定性差的维生素进行充分混合制成成品，具体流程如图 7－4 所示。

原料乳验收
↓
标准化 ………………按产品要求将全脂乳、脱脂乳进行混合
↓
净乳 ………………用净乳机去除乳中的微小尘埃
↓
混合 ………………添加乳糖液和热稳定性好的维生素
↓
杀菌
↓
真空浓缩………………35℃～45℃短时浓缩至的 1/4
↓
混合 ………………添加脂肪酸、脂溶性维生素、微量元素
↓
均质
↓
喷雾干燥………………将浓缩乳经 140℃喷粉
↓
过筛 ………………经 16 目孔筛去除结块
↓
混合 ………………添加可溶性多糖和热稳定性差的维生素
↓
过筛 ………………经 16 目孔筛去除结块
↓
成品包装………………称量、装罐、冲氮、封罐

图 7－3　婴儿配方乳粉的加工流程图（一）

原料乳验收
↓
标准化 …………按产品要求将全脂乳、脱脂乳、脱盐乳清粉等进行混合
↓
过滤净乳
↓
超高温瞬时杀菌
↓
真空浓缩
↓
喷雾干燥
↓
混合 …………{糊精、葡萄糖、热稳定性差的维生素类}
↓
过筛 …………经20～30目孔筛去除结块
↓
成品包装…………称量、装罐、冲氮、封罐

图7—4 婴儿配方乳粉的加工流程图（二）

2. 维生素

由于婴儿配方乳粉中需要添加婴儿生长发育所必需的维生素类，而部分添加的维生素对热的稳定性较差，因此在生产工艺上要考虑维生素适当的添加方法。对于热稳定性强的维生素类，可以在生产开始配料时与其他配料共同加入，但热稳定性差的维生素类就必须要在灭菌后加入，否则影响其在成品中的含量。水溶性、热稳定性差的维生素可与经过热灭菌后的糖预热混合后，再加入到牛乳中搅拌混合。

3. 婴儿配方乳粉的质量标准

依据GB10765—1997，婴儿配方乳粉Ⅰ和GB10766—1997，婴儿配方乳粉Ⅱ、Ⅲ中的规定，婴儿配方乳粉的质量标准是：

（1）婴儿配方乳粉Ⅰ：指以新鲜牛乳（或羊乳）、白砂糖、大豆、饴糖为主要原料，加入适量的维生素和矿物质，经加工制成供婴儿食用的粉末状产品。

①感官要求

表 7—5　婴儿配方乳粉Ⅰ的感官要求

项　目	要　求
色泽	呈均匀一致的乳黄色
滋味、气味	具有乳和大豆的醇香味，甜味纯正，有饴糖味，无其他异味
组织形态	干燥粉末，无结块
冲调性	润湿下沉快，冲调后无团块，无沉淀

②理化指标

表 7—6　婴儿配方乳粉Ⅰ的理化指标

项　目		指标（每 100g）
热量，kJ（Kcal）	≥	1 863（445）
蛋白质，g	≥	18.0
脂肪，g	≥	17.0
灰分，g	≤	5.0
水分，g	≤	5.0
维生素 A，IU		1 250～2 500
维生素 D，IU		200～400
维生素 E，IU	≥	4.0
维生素 B_1，μg	≥	400
维生素 B_2，μg	≥	500
烟酸，μg	≥	4 000
维生素 C，mg	≥	40
钙，mg	≥	500
磷，mg	≥	400
铁，mg		30～80
锌，mg		6～10
铜，mg		2.5～7.0

续表

项　　目		指标（每100g）
碘，mg		270～750
钠，mg	≤	300
钾，mg		400～1 000
氯，mg	≤	600
复原乳酸度1)，°T	≤	16.0
溶解度，%		99
1）复原乳系指干物质12%的复原乳汁。		

③卫生指标

表7—7　婴儿配方乳粉Ⅰ的卫生指标

项　　目		指　　标
铅，mg/kg	≤	0.5
砷，mg/kg	≤	0.5
硝酸盐（以 $NaNO_2$），mg/kg	≤	100
亚硝酸盐（以 $NaNO_2$），mg/kg	≤	2
黄曲霉毒素M1		不得检出
酵母和霉菌，个/g	≤	50
脲酶定性		阴性
细菌总数，个/g	≤	30 000
大肠菌群（最近似值），个/100g	≤	40
致病菌（指肠道致病菌和致病性球菌）		不得检出

（2）婴儿配方乳粉Ⅱ、Ⅲ：指以新鲜牛乳或羊乳（或乳粉）、脱盐乳清粉（配方Ⅱ）、麦芽糊精（配方Ⅲ）、精炼植物油、奶油、白砂糖为主要原料，加入适量的维生素和矿物质，经加工制成的供6个月以内婴儿食用的粉末状产品。

①感官要求

表 7—8　婴儿配方乳粉Ⅱ、Ⅲ的感官要求

项　目	要　求
色泽	呈均匀一致的乳黄色
滋味、气味	具有婴儿配方乳粉Ⅱ（或Ⅲ）特有的香味，有轻微的植物油香味
组织形态	干燥粉末，无结块
冲调性	润湿下沉快，冲调后无团块，杯底无沉淀

②理化指标

表 7—9　婴儿配方乳粉Ⅱ、Ⅲ的理化指标

项　目		指标（每 100g）
热量，kJ（Kcal）	≥	2 046（489）
蛋白质，g 其中乳清蛋白（配方Ⅱ），%	 ≥	12.0～18.0 60
脂肪，g		25.0～31.0
亚油酸，mg	≥	3 000
乳糖占碳水化合物量配方Ⅱ，%		90
灰分，g	≤	4.0
水分，g	≤	5.0
维生素 A，IU		1250～2500
维生素 D，IU		200～400
维生素 E，IU	≥	4.0
维生素 K_1，μg	≥	22
维生素 B_1，μg	≥	400
维生素 B_2，μg	≥	500
维生素 B_6，μg	≥	189

续表

项　　目		指标（每 100g）
维生素 B_{12}，μg	≥	1.0
烟酸，μg	≥	4 000
叶酸，μg	≥	22
泛酸，μg	≥	1 600
生物素，μg	≥	8.0
维生素 C，mg	≥	40
胆碱，mg	≥	38
钙，mg	≥	300
磷，mg	≥	220
镁，mg	≥	30
铁，mg		7～11
锌，mg		2.5～7.0
锰，μg	≥	25
铜，μg		320～650
碘，μg		30～150
钠，mg	≤	300
钾，mg	≤	1 000
氯，mg		275～750
牛磺酸，mg	≥	30
复原乳酸度 1)，°T	≤	0.2
不溶度指数，ml		99
杂质度 2)，mg/kg	≤	12
钙磷比值		1.2～2.0

1）复原乳系指干物质 12%的复原乳汁。
2）杂质度包括焦粉颗粒。

③卫生指标

表 7—10　婴儿配方乳粉Ⅱ、Ⅲ的卫生指标

项　目		指　标
铅，mg/kg	≤	0.5
砷，mg/kg	≤	0.5
硝酸盐（以 $NaNO_3$），mg/kg	≤	100
亚硝酸盐（以 $NaNO_2$），mg/kg	≤	2
黄曲霉毒素 M1		不得检出
酵母和霉菌，个/g	≤	50
细菌总数，个/g	≤	30 000
大肠菌群（最近似值），个/100g	≤	40
致病菌（指肠道致病菌和致病性球菌）		不得检出

三、奶油粉

奶油粉和稀奶油粉都是奶油和稀奶油喷成粉状制成的，与液体产品相比，其具有使用更为方便，且易于保藏和保藏时间长等优点。

奶油粉和稀奶油粉的加工工艺和全脂乳粉的加工工艺基本相同，区别较大的一点是，奶油和稀奶油的脂肪含量比牛乳要高很多，因此在干燥过程中比较容易黏附在机械的内壁上，增加干燥的复杂性。针对这种高脂肪含量的产品，在干燥之前需要添加乳化剂、稳定剂、糖类和非脂乳固体等，同时适当降低喷雾压力和温度，这样更易于加工且能够提高产品品质。

第四节　乳粉加工中常见问题

一、加工过程中常见问题

1. 真空浓缩时真空度过低

分析原因：

(1) 漏气：在真空浓缩段的阀门、接口及试镜等部位出现漏气现象，导致真空度无法提高。此种情况必须要停机检修，严重时会发生安全事故。

（2）冷却水量不足，导致真空度过低。可能是水压过低或水温过高。

（3）喷水孔堵塞，不能发挥冷却作用，二次蒸汽压力导致真空度过低。

2. 水分超标

分析原因：

（1）雾化器的雾化效果不好，造成雾滴不易干燥，导致水分超标；

（2）检查加热器是否正常工作，如有损坏会导致水蒸气泄露，增加乳粉中的水分含量；

（3）喷雾量过大或进风温度较低，导致乳粉水分含量提高。

3. 乳粉溶解度较低

分析原因：

（1）牛乳在加工过程中受热时间过长，温度过高，导致蛋白质变性，使乳粉的溶解度降低；

（2）喷雾效果不好，导致乳滴干燥不佳，使乳粉的溶解度降低。

二、乳粉在保存过程中常见问题

1. 脂肪分解味（酸败味）

由于乳中解脂酶的作用，使乳粉中的脂肪水解而产生游离的挥发性脂肪酸。因此要严把原料质量关，同时杀菌时要将脂肪分解酶彻底灭活。

2. 氧化味（哈喇味）

不饱和脂肪酸氧化产生氧化味的主要因素是空气、光线、重金属、过氧化物酶和乳粉中的水分及游离脂肪酸含量。因此要注意选择适当的保存方式。

3. 颜色变化

水分在5%以上的乳粉贮藏时会发生美拉德反应产生棕色。因此在加工过程中要控制乳粉中的水分≤5%。

4. 吸潮

乳粉中的乳糖呈无水的非结晶的玻璃态，易吸潮。当乳糖吸水后使蛋白质彼此黏结而结块，故应保存在密封容器里。

5. 细菌引起的变质

开封后的乳粉会逐渐吸收水分，当水分超过5%以上时，细菌开始繁殖，使乳粉变质，所以保存时要密封得当。

第八章　奶油的加工

牛乳经分离后所得的稀奶油，经杀菌、成熟、搅拌、压炼而制成的乳制品称为奶油。奶油应呈均匀一致的颜色、稠密而味纯；水分应分散成细滴，从而使奶油外观干燥；硬度应均匀，这样奶油就易于涂抹，并且到舌头上即时融化；奶油还含有脂溶性的维生素 A、D 和 E。

第一节　奶油的概述

一、奶油的分类

根据奶油的制造工艺、所用原料及产区的不同等，可将奶油分为以下不同种类：

1. 按原料不同分类

（1）新鲜奶油：用甜性稀奶油（新鲜稀奶油）制成的；

（2）发酵奶油：用酸性稀奶油（发酵稀奶油）制成的奶油，又称酸性奶油。

酸性奶油与新鲜奶油相比较，其优点在于：

①酸性奶油是经过乳酸菌发酵制成，具有丁二酮气味，芳香味更浓；而新鲜奶油则有稀奶油味，也可具有轻微的蒸煮味；

②酸性奶油的乳酸菌发酵剂抑制了其他微生物的生长，因此在热处理后再次感染杂菌的危险性较小。

其缺点在于：

①酸性奶油更容易被氧化，产生金属味，如果有微量重金属存在，这一现象就会更为加重。

②酸性奶油的保藏性差。

2. 根据生产工艺中是否加盐而分类

（1）无盐奶油；

（2）加盐奶油；

（3）特殊加盐奶油。

3. 根据脂肪含量不同分类

（1）一般奶油：一般奶油的乳脂肪（80%～82%）；

（2）无水奶油（即黄油）：脱水脱蛋白后经真空浓缩制成的，乳脂肪含量高达99.9%；

（3）人造奶油：以植物油替代乳脂肪。

4. 根据奶油产品的花色不同分类

（1）含糖奶油；

（2）果汁奶油；

（3）巧克力奶油等。

二、奶油的特性

1. 色泽

奶油的颜色从白色到淡黄色，由于胡萝卜素含量的不同而各有深浅。通常冬季的奶油为淡黄色或白色。为使奶油的颜色一致，秋冬季往往会加入色素以增加其颜色。

2. 气味

奶油有一种特殊的芳香味，这种芳香味主要由丁二酮、甘油及游离脂肪酸等综合而成。其中丁二酮主要来自发酵时细菌的作用。因此，酸性奶油比新鲜奶油芳香味更浓。

3. 物理结构

奶油的物理结构为水在油中的分散系（固体系）。即在脂肪中分散有游离脂肪球（脂肪球膜未破坏的一部分脂肪球）与细微水滴，此外还含有气泡。

第二节 奶油的加工

最初的奶油加工主要是依靠传统加工方式进行，满足家庭食用，那时主要使用手工搅拌桶进行奶油搅拌来生产奶油。但随着乳制品工业的发展，社会对奶油需求量的提高，奶油逐步走向工业化大生产。

一、加工流程

原料乳验收
↓
预处理
↓
牛乳预热
↓
分离
↓
稀奶油（标准化）
↓
加热杀菌
↓
发酵
↓
成熟←加色素
↓
搅拌→排酪乳
↓
奶油粒
↓
洗涤
↓
加盐
↓
压炼
↓
成品包装
↓
冷藏

图 8—1 奶油的加工流程图

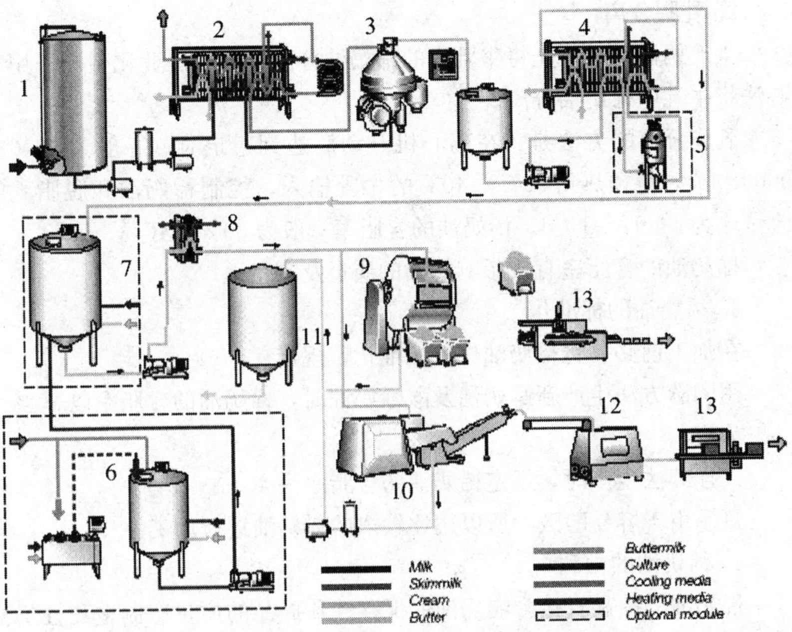

图 8—2　批量和连续生产发酵奶油的生产线

1. 料贮藏罐　2. 板式热交换器（预热）　3. 奶油分离机　4. 板式热交换器（巴氏杀菌）　5. 真空脱气机　6. 发酵剂制备系统　7. 稀奶油的成熟和发酵　8. 板式热交换器（温度处理）　9. 批量奶油压炼机　10. 连续压炼机　11. 酪乳暂存罐　12. 带传送的奶油仓　13. 包装机

二、工艺要点

1. 原料乳及稀奶油的验收及质量要求

①制造奶油用的原料乳必须来自健康乳牛，而且在滋气味、组织状态、脂肪含量及密度等各方面都是正常的乳。

②含抗菌素或消毒剂的稀奶油不能用于生产酸性奶油。

③乳质量略差而不适于制造奶粉、炼乳时，也可用作制造奶油的原料。

2. 乳脂分离

生产奶油时必须先将牛乳中的稀奶油分离出来，工业化生产采用离心法将牛乳中稀奶油分离。

乳脂分离的方法是：在离心机开动后达到稳定时（一般为4000～9000rpm），将预热到35℃～40℃的牛乳输入，控制稀奶油和脱脂乳的流量比为1∶12～1∶6。稀奶油的含脂率一般为30%～40%。

稀奶油的含脂率直接影响奶油的质量及产量。

3. 稀奶油的标准化

在加工前必须将稀奶油进行标准化，规定：

用间歇方法生产新鲜奶油及酸性奶油时，稀奶油的含脂率以30%～35%为宜；

以连续法生产时，规定稀奶油的含脂率为40%～45%。

夏季由于容易酸败，所以用比较浓的稀奶油进行加工。

4. 稀奶油的中和

稀奶油的中和直接影响奶油的保存性和成品的质量。制造甜性奶油时，奶油的pH值应保持在中性附近（6.4～6.8）。

（1）中和的目的

①因为酸度高的稀奶油杀菌时，其中的酪蛋白凝固而结成凝块，使一些脂肪被包在凝块内，搅拌时流失在酪乳里，造成脂肪损失；

②稀奶油中和后，可防止脂肪贮藏时尤其是加盐奶油水解和氧化；

③同时改善奶油的香味。

（2）中和的程度

①当稀奶油的酸度在0.5%（55 °T）以下时，可中和至0.15%（16 °T）；

②若稀奶油的酸度在0.5%以上时，中和的限度以0.15%～0.25%为宜。因为将高酸度的稀奶油急速变成低酸度，则容易产生特殊气味，且稀奶油变成浓厚状态。

（3）中和的方法

中和剂多为石灰或碳酸钠。石灰价格低廉，且其中的钙残留于奶油中还可以提高其营养价值。但石灰难溶于水，必须调成20%的乳剂加入，同时还需要均匀搅拌。碳酸钠易溶于水，中和可以很快进行，同时不易使酪蛋白凝固，但中和时容易产生二氧化碳，对生产不利。

5. 真空脱气

真空脱气可除掉具有挥发性的异常风味物质。首先将稀奶油加热到78℃，然后输送至真空机内，真空室的真空度可以使稀奶油在62℃时沸腾，引起挥发性成分和芳香物质逸出，然后稀奶油回到热交换器进行巴氏杀菌、冷却并装入成熟罐。

6. 灭菌

由于脂肪的导热性很低，能阻碍温度对微生物的作用；同时为了使脂肪酶完全破坏，有必要进行高温巴氏灭菌。

稀奶油在高温（通常为95℃或者更高一些的温度）下进行巴氏灭菌，热处理的程度应达到使过氧化物酶试验结果呈阴性。

但热处理不应过分强烈，以免引起蒸煮味之类的产品缺陷。一般采用85℃～90℃的巴氏灭菌。如果奶油有特异气味时，可将灭菌温度提高到93℃～95℃，以减轻其缺陷。经灭菌后冷却至发酵温度或成熟温度。

7. 发酵

在生产酸性奶油时要进行细菌发酵。发酵剂菌种为丁二酮链球菌、乳脂链球菌、乳酸链球菌和噬柠檬酸明串珠菌。细菌产生的芳香物质中有乳酸、二氧化碳、柠檬酸、丁二酮和醋酸。

发酵剂的添加量为1%～5%，一般随碘值的增加而增加。当稀奶油的酸度达到90°T时发酵结束。

稀奶油发酵和稀奶油的物理成熟都是在成熟罐中自动进行。成熟罐通常是三层的绝热的不锈钢罐，加热和冷却介质在罐壁之间循环，罐内装有可双向转动的刮板搅拌器，搅拌器在奶油已凝结时，也能进行有效的搅拌。

8. 成熟

稀奶油中的脂肪经加热杀菌融化后，为使搅拌操作能顺利进行，保证奶油质量（不致过软及含水量过多）以及防止乳脂肪损失，须要冷却至奶油脂肪的凝固点，以使部分脂肪变为固体结晶状态，这一过程称为稀奶油物理成熟。

制造新鲜奶油时，在稀奶油冷却后，立即进行成熟；制造酸性奶油时，则在发酵前或后，或与发酵同时进行成熟。成熟通常需要12～15h。

9. 添加色素

为了使奶油颜色全年一致，当颜色太淡时，即需添加色素。最常用的一种色素叫安那妥（Annatto），它是天然的植物色素。

3%的安那妥溶液（溶于食用植物油中）叫做奶油黄。通常用量为稀奶油的0.01%～0.05%。添加色素通常在搅拌前直接加到搅拌器中的稀奶油中。

10. 奶油搅拌

将稀奶油置于搅拌器中，利用机械的冲击力使脂肪球膜破坏而形成脂肪团粒，这一过程称为搅拌。搅拌时分离出来的液体称为酪乳。

奶油搅拌器有圆柱形、锥形、方形或长方形的，转速可调节，在搅拌器中有轴带和挡板，挡板的形状、安装位置和尺寸与搅拌器速度有关，挡板对最终产品有重要影响。近年来搅拌器的容积已大大增加。在大的集中化的奶油生产厂中，搅拌器的使用能力可达到8000～12000升或者更大。稀奶油一般在搅拌器中占40%～50%的空间，以留出搅打起泡的空间。

继续搅拌时，成熟奶油中的蛋白质脱水，泡沫变小，也变得更为紧凑，对脂肪球施加了压力，这样引起一定比例的液态脂肪从脂肪球中被压出，当泡沫变得相当稠密时，更多的液体脂肪被压出，这种泡沫因不稳定而破裂。脂肪球凝结形成奶油团粒，当搅拌继续时，它们变得越来越大。这样，稀奶油被分成为奶油粒和酪乳两部分。在传统的搅拌中，当奶油粒达到一定大小时，搅拌机停止并排走酪乳。

11. 压炼、洗涤与加盐

当酪乳被排走后开始对奶油粒进行压炼，以此挤压出去奶油颗粒之间的水分。在压炼过程中，要定期检查水分含量，并按照成品奶油所要求的进行调整，直至获得所需要的水分才可终止压炼。在搅拌后洗涤奶油，以去掉任何剩余的酪乳和乳固体，并调整水分。

奶油的压炼，也影响产品的感官特性，即香味、滋味、贮存质量、外观和色泽。成品奶油应是干燥的，即水必须非常细微地被分散，肉眼应当看不到水滴。

在间歇式生产中，如果奶油加盐，盐可以直接撒在奶油的表面；在连续式生产中，则在奶油中加入盐水。加盐以后，为了保证盐的均匀分布，必须强有力地压炼奶油。

12. 包装

奶油产品的包装材料必须是防油的且不透光、不泄漏滋味和气味，同时也不允许水分渗透，否则奶油表面将会干燥并且外层会变得比其余部分更黄。

奶油通常包装于铝箔中。可包装成 5kg 以上的大包，也可以包装成从 10g 到 5kg 的小包，取决于包装类型，可以使用不同类型的灌装机，机械通常是全自动的，分块和包装通常可以按不同尺寸要求进行重设调整，如 250g 和 500g 或 10g 和 15g。

13. 冷藏

为保持奶油的硬度和外观，奶油包装后应尽快进入冷库并冷却到 5℃，存放 24～48h。如果不这样做，脂肪结晶就非常缓慢，奶油能保持其新搅拌硬度和外观好几天。低温存放也能提高其保藏质量和减少销售中包装变形的危险。

奶油可以在约 4℃温度下短期贮存，如果需要长期贮存，它就必须在约－25℃温度下深冻。

第三节　奶油产品常见问题

一、风味缺陷

正常的奶油产品应具备特有的奶油香气，尤其是酸性奶油，由于发酵的原因，香气会更为强烈。但也会产生异味，及产品的风味缺陷。

1. 鱼腥味

鱼腥味是奶油产品在贮藏时非常容易出现的异味，分析其原因，主要是由于卵磷脂水解产成三甲胺造成的。如果奶油脂肪发生氧化，则更会加剧鱼腥味的产生。如果发现奶油出现鱼腥味，必须要提前结束贮存，同时产品在生产中应加强杀菌和卫生措施。

2. 脂肪氧化味和酸败味

脂肪氧化味是由于产品贮存时空气中的氧气和不饱和脂肪酸反应造成的。奶油在贮藏中往往首先出现氧化味，接着便会产生脂肪水解味。

酸败味是奶油中的脂肪在解脂酶的作用下生成低分子游离脂肪酸造成的，奶油长霉，霉菌不仅能使奶油产生土腥味，也能产生酸败味。

改善措施就是在奶油生产中应提高杀菌温度，既要杀死有害微生物，又要破坏解脂酶。

3. 干酪味

奶油产品产生干酪味是由于生产卫生条件差、霉菌污染或原料稀奶油的细菌污染导致蛋白质分解造成的。因此在生产时应加强稀奶油杀菌和设备及生产环境的消毒工作。

4. 肥皂味

如果奶油产生肥皂味，是由于稀奶油中和过度或者是中和过快，使其局部皂化所引起的，所以应在稀奶油中和过程中减少所用中和剂的用量或改善操作手法，使中和速度适中。

5. 金属味

由于奶油产品接触铜、铁等金属设备而产生的金属味，改善措施就是防止奶油接触生锈的铁器或铜制阀门等。

6. 苦味

奶油产生苦味的原因主要是原料乳使用末乳或产品被酵母菌污染所造成的。改善措施就是使用正常的合格的原料乳来生产奶油，且在生产中保证卫生，防止其被酵母菌污染。

二、色泽缺陷

1. 产品色淡

由于奶油中胡萝卜素含量少，使奶油色淡，可通过添加色素进行调整。

2. 色泽暗淡无光泽

分析产生原因是压炼过度或所使用的稀奶油不新鲜造成的。改善措施就是调整操作，避免使用不新鲜的稀奶油作为原料。

3. 颜色呈条纹状

此现象在加盐奶油中较常见，是由于加盐不均匀、压炼不足造成的。改善措施就是改进操作手法，使加盐均匀，压炼适中。

三、组织状态缺陷

1. 奶油组织松散

分析原因是压炼不足、搅拌温度过低等造成的，需要改善工艺操作。

2. 砂状奶油

此现象在加盐奶油中较常见，多是由于所加食盐颗粒粗大未能溶解造成的。如果奶油出现粉状并无盐粒存在，多是由于奶油中和时蛋白凝结后存于奶油中造成的。

第九章 炼乳的加工

炼乳，又称为淡奶、蒸发奶，是指牛乳经过真空浓缩去除大部分水分且外观成稀奶油状的乳制品。炼乳主要分为淡炼乳和甜炼乳两大类。

第一节 甜炼乳的加工

甜炼乳是指在原料乳中加入约17%的蔗糖，经杀菌、浓缩至原体积40%左右的乳制品。

一、加工工艺

甜炼乳的加工工艺流程和生产线示意图如图9－1、图9－2所示。

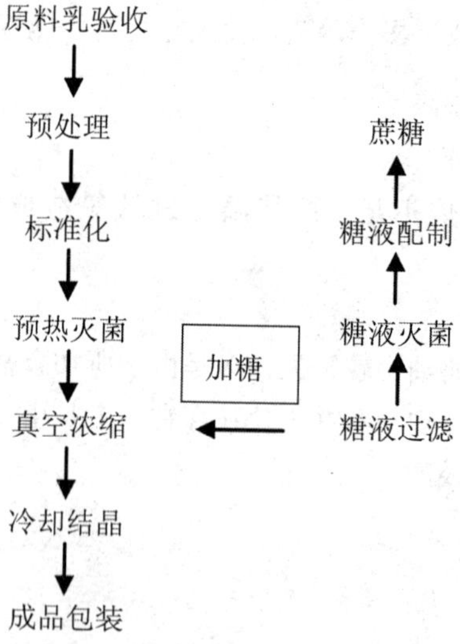

图9－1 甜炼乳的加工工艺流程图

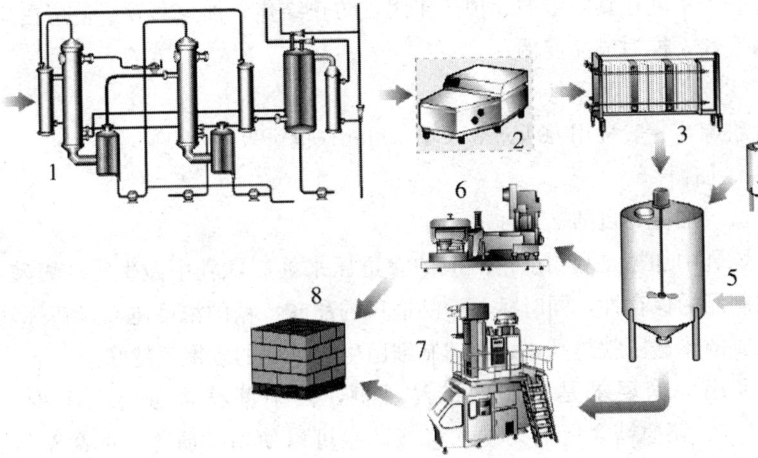

图 9－2　甜炼乳的生产线

1. 真空浓缩　2. 均质　3. 冷却　4. 添加糖浆　5. 冷却结晶罐
6. 装罐　7. 贴标签、装箱　8. 贮存

二、工艺要点

1. 标准化

乳的标准化是指调整乳中脂肪（F）与非脂乳固体（SNF）的比值，使其符合成品中脂肪与非脂乳固体比值。我国的炼乳质量标准规定，脂肪与非脂乳固体的比值是 8∶20。

生产炼乳的原料乳要求其乳脂率控制在 3%～3.7%范围内，炼乳生产率最大；如果原料乳的乳脂率过低，浓缩过程中容易起泡，使操作困难，而且成品的保存性比较差。在脂肪不足时要添加稀奶油，脂肪过高时要添加脱脂乳或用分离机除去一部分稀奶油。

2. 预热灭菌

在原料乳浓缩之前进行的加热处理称为预热。

（1）预热的目的

①杀灭原料乳中的病原菌和大部分杂菌，破坏和钝化酶的活力。

②为牛乳在真空浓缩起预热作用，防止结焦，加速蒸发。使蛋白质适当变性，推迟成品变稠。

（2）预热灭菌条件

甜炼乳一般采用80℃～85℃，10min，也可采用120℃，2～4s。

3. 加糖

（1）加糖的目的

炼乳中加糖是利用蔗糖溶液的渗透压来抑制炼乳中微生物的繁殖，增加制品的保存性，同时赋予产品适口的甜味。糖的浓度越高，在炼乳中形成的渗透压就越高，因此抑制细菌生长繁殖的效果就越好。

所用蔗糖要求是精制的结晶蔗糖，其中蔗糖含量要求不少于99.65%，还原糖含量不大于0.08%。也可以使用品质优良的甜菜糖。也可使用部分葡萄糖代替蔗糖，这样可以降低成本，同时也不易结晶，但成品容易褐变，且保存过程中容易增稠。

（2）加糖量的计算

加糖量是以蔗糖比为依据的，蔗糖比决定甜炼乳成品含蔗糖的浓度。蔗糖比又称蔗糖浓缩度，是甜炼乳中蔗糖含量与其水溶液的比。通常规定蔗糖比为62.5%～64.5%为宜。如果蔗糖比高于64.5%时，会有蔗糖结晶析出的可能，致使产品组织状态变差；如果蔗糖比低于62.5%，则抑菌效果较差。

$$蔗糖比=\frac{蔗糖含量}{100-总乳固体含量}\times100\%$$

（3）糖液的制备

需用85℃以上的热水将蔗糖融化，调成约65%浓度的糖浆，经95℃灭菌后过滤，冷却至65℃左右，加入原料乳中。

其中糖液的灭菌温度一定不能低于95℃。这是由于蔗糖中存在嗜热性的微球菌和耐热的霉菌孢子，它们的耐热性较强，90℃仍不能杀灭，必须达到95℃才能致死。

(4) 加糖的方法

①将糖加入原料乳中溶解后进行灭菌。此方法可减少浓缩时的蒸气消耗，但增加了细菌和酶对热的抵抗力，且成品容易褐变。

②浓度65%～75%的浓糖浆经95℃/5min灭菌，冷却至57℃后与灭菌原料乳混合浓缩。

③先进糖法：先将蔗糖溶液进行浓缩，然后再浓缩原料乳，可提高成品的初始黏度，防止炼乳脂肪上浮。

④中间进糖法：先将原料乳的1/2～2/3浓缩，再浓缩糖液，最后将剩余原料乳浓缩。

⑤后进糖法：先将原料乳浓缩，在浓缩将近结束时，将灭菌并冷却的浓糖液吸入浓缩罐中短时浓缩。此种方法效果为最好。

4. 真空浓缩

(1) 真空浓缩的目的

除去部分水分，有利于保存；减少重量和体积，便于保藏和运输。

(2) 真空浓缩的特点

①具有节省能源，提高蒸发效能的作用；

②蒸发在较低条件下进行，保持了牛乳原有的性质；

③避免外界污染的可能性。

(3) 真空浓缩的条件

浓缩条件为温度45℃～60℃，真空度78.45～98.07kPa。

(4) 浓缩终点的确定

浓缩终点的确定一般有三种方法：

①相对密度测定法

使用的比重计一般为波美比重计，刻度范围在30～40°Be间，每一刻度为0.1°Be。

②黏度测定法

可使用回转黏度计或毛式黏度计，测定时需先将乳样冷却到20℃，然后测其温度，一般规定为100°R/20℃。

③折射仪法

使用的仪器可以是阿贝折射仪或TZ－62型手持糖度计。当温度为20℃、脂肪含量为8%时，甜炼乳的折射率和总固体含量之间有如下关系：

总固体含量（%）＝70＋44（折射率－1.4658）

5. 均质

甜炼乳均质压力一般在10～14Mpa，温度为50℃～60℃。如果采用二次均质，第一次均质条件和上述相同，第二次均质压力为3.0～3.5Mpa，温度控制在50℃～60℃为宜。

6. 冷却结晶

甜炼乳生产中冷却结晶最重要。

（1）冷却结晶的目的

①及时冷却以防止炼乳在贮藏期间变稠；

②控制乳糖结晶的大小，使乳糖组织状态细腻。

（2）乳糖结晶的原因

由于乳糖的溶解度较低（18%），甜炼乳中乳糖已处于过饱和状态，因此饱和部分的乳糖结晶析出是必然的趋势。如果任由饱和的乳糖缓慢自然地结晶，则结晶颗粒少且晶粒大，会影响成品的感官质量。乳糖结晶大小对口感的影响如表9－1所示。

表9－1　乳糖结晶大小对口感的影响

乳糖结晶大小/μm	口感
≤10	口感细腻
≥15	口感呈粉状
≥30	口感呈显著的沙状，感觉粗糙

（3）结晶温度的选择

选择结晶温度需要参考乳糖结晶曲线。以乳糖溶液的浓度为横坐标，乳糖温度为纵坐标，可以绘出乳糖的溶解度曲线，或称乳糖结晶曲线，如图 9—4 所示。

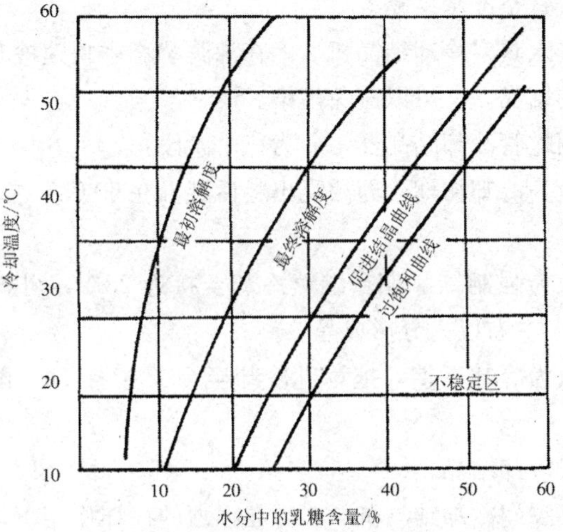

图 9—3　乳糖结晶曲线

图中四条曲线将乳糖结晶曲线图分为三个区：最终溶解度曲线左侧为溶解区，过饱和溶解度曲线右侧为不稳定区，它们之间是亚稳定区。在不稳定区内，乳糖将自然析出。在亚稳定区内，乳糖在水溶液中处于过饱和状态将要结晶而未结晶。在此状态下，只要创造必要的条件，如加入晶种，就能促使它迅速形成大小均匀的微细结晶，这一过程称为乳糖的强制结晶。因此，结晶温度，即强制结晶的最佳温度应在亚稳定区内进行选择。

（4）晶种的制备

将乳糖结晶细粉作为晶种添加到乳糖的过饱和溶液中，使乳糖产生结晶。晶种的粒径应在 5μm 以下。取精制乳糖粉（多为 α—乳糖），在 100℃～105℃下烘 2～3h，然后经超微粉碎机粉碎，再烘 1h，并重新进行粉碎，通过 120 目筛即可。晶种的添加量为炼乳质量的 0.02%～0.03%。晶种也可以用成品炼乳代替，添加量为炼乳量的 1%。

(5) 冷却结晶的方法

①间歇式真空冷却结晶

浓缩乳进入真空冷却结晶机后，在沸腾状态中快速冷却，既可以获得细微均一的结晶，又可以避免污染。

通常采用蛇管冷却结晶器，分为三个阶段：

第一阶段为冷却初期，即浓乳出料后乳温在50℃左右，应迅速冷却至35℃左右；

第二阶段为强制结晶期，继续冷却至接近28℃，可投入晶种并搅拌，保温0.5h左右以充分形成晶核；

第三阶段为冷却后期，把炼乳冷却至20℃搅拌1h，即完成冷却结晶操作。

②连续式冷却结晶

采用连续瞬间冷却结晶机。炼乳在强烈的搅拌作用下，在几十秒到几分钟内，即可被冷却至20℃以下。

7. 成品包装与贮藏

(1) 包装

冷却结晶后的甜炼乳灌装时，采用真空封罐机或其他脱气设备，或静止5～10h左右，待气泡逸出后再进行灌装。装罐应装满，尽可能排除顶隙空气。封罐后经清洗、擦罐、贴标、装箱，然后入库贮藏。

(2) 贮藏

炼乳贮藏于仓库内，库温不得高于15℃；空气湿度不应高于85%。贮藏过程中，每月应翻罐1～2次，防止糖沉淀的形成。

第二节　淡炼乳的加工

一、淡炼乳的定义及特点

淡炼乳亦称无糖炼乳，是将牛乳浓缩到1/2～1/2.5后装罐密封，然后再进行灭菌的一种炼乳。

淡炼乳与甜炼乳的不同之处在于：

(1) 淡炼乳不加糖，缺少糖对微生物的抑制作用。

(2) 由于缺少糖的抑菌作用，因此淡炼乳在封罐后还要进行一次加热灭菌。

淡炼乳主要分为全脂淡炼乳、脱脂淡炼乳、强化淡炼乳和配制淡炼乳四种。

二、加工工艺

淡炼乳的加工工艺流程和生产线示意图如图 9—4、图 9—5 所示。

原料乳验收
↓
预处理
↓
标准化
↓
预热灭菌
↓
真空浓缩
↓
均质
↓
冷却
↓
再标准化
↓
小样试验
↓
装罐
↓
封罐
↓
灭菌
↓
震荡
↓
保存试验
↓
成品包装

图 9—4　淡炼乳的加工工艺流程图

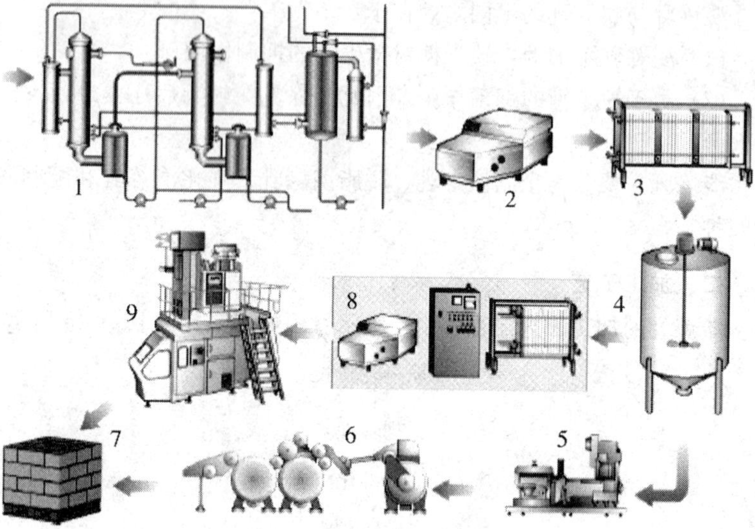

图 9—5　淡炼乳的生产线

1. 真空浓缩　2. 均质　3. 冷却　4. 中间周转罐　5. 罐装　6. 灭菌　7. 贮存或冷却　8. UHT 灭菌　9. 无菌灌装

三、工艺要点

1. 预热杀菌

在淡炼乳的生产过程中，预热杀菌的目的不仅是为了杀菌和破坏酶类，而且适当的加热可提高酪蛋白的稳定性，防止生产后期再次灭菌时发生凝固，并赋予产品适当的黏度。

2. 再次灭菌

由于淡炼乳不加糖，缺少糖对微生物的抑制作用，所以需要再次灭菌以保证产品的质量。同时为了提高在杀菌时淡炼乳的热稳定性，常在此工序添加稳定剂。

3. 再标准化

浓缩后进行的标准化称作再标准化，其目的是为了调整乳干物质浓度使其合乎要求，因此也称浓度标准化。一般淡炼乳生产中浓度难以正确掌握，往往都是浓缩到比标准略高的浓度，然后加蒸馏水进行调整浓度，一般称为加水。

加水量的计算：加水量＝A/F1－A/F2

式中：A——单位标准化乳的全脂肪含量，%；

F1——成品的脂肪含量，%；

F2——浓缩乳的脂肪含量，%。

4. 二次均质

淡炼乳多采用二次均质，均质温度为50℃～60℃，均质压力第一段为14～16MPa，第二段为3.5MPa左右。

5. 小样试验

在淡炼乳的生产中，在灭菌前先按不同添加量添加稳定剂，试封几罐进行灭菌，再开罐检查稳定剂的添加量、灭菌温度和时间是否合适，此控制试验被称为小样试验。稳定剂常使用磷酸氢二钠和磷酸三钠。

取浓缩小样，添加不同剂量的稳定剂，分别装罐、封罐，再放入小试灭菌机按生产条件灭菌。冷却后取出小样，开罐检查。检查内容包括：样品有无凝固物、黏度、色泽、风味等，如果检查结果不理想，则需要改变试验条件重新进行小样试验。

6. 装罐、灭菌

通过小样试验确定合适的稳定剂添加量，添加稳定剂后立即装罐、封罐、灭菌。通过灭菌杀灭产品中的微生物和酶类，以保证产品的质量。但淡炼乳的二次灭菌可能会引起美拉德反应而使产品发生褐变。

灭菌的方法：

(1) 保持式灭菌法：按小样试验确定的条件控制灭菌温度和升温时间，要求在15min内升温至116℃～117℃。

(2) 连续式灭菌法：采用连续式灭菌机进行，封罐后产品进入预热区被加热到93℃～99℃，然后进入灭菌区温度升为114℃～119℃，灭菌后进入冷却区冷却至室温。

(3) UHT 灭菌：将浓缩乳进行 UHT 灭菌，灭菌条件为 140℃/3s。

7. 震荡

为了防止淡炼乳因高温杀菌而产生凝块，对产品进行震荡，可使凝块分散恢复为均匀的流体。采用震荡机进行，在灭菌后的 2～3 天内进行，每次震荡 1～2min。

8. 保存试验

淡炼乳出厂前还需要进行保存试验，又称保温试验，即将产品在 25℃～30℃保温贮藏 3～4 周后，观察其有无膨罐，并开罐检查有无产品缺陷。必要时还需抽检一定数量的产品于 37℃保存 6～10 天后进行观察和检查，合格后才能出厂。

第三节　炼乳产品常见问题

一、甜炼乳的质量缺陷

1. 产品变稠

甜炼乳产品在贮藏期间稠度会增加，乃至失去流动性甚至全部凝固。这是炼乳产品非常严重的质量缺陷，分析其原因：

(1) 细菌性

乳中的细菌主要是芽孢菌、链球菌、葡萄球菌和乳酸菌等会产生乳酸、醋酸等有机酸以及凝乳酶，使产品凝固，也会伴有异味及酸度上升等现象。

防止措施：

①注意杀菌效果及生产卫生控制；

②保持一定的蔗糖浓度，为了控制甜炼乳中的细菌生长，蔗糖比控制在 62.5%～64.0%为最适宜；

③宜贮藏于低温（10℃）下，抑制细菌生长。

(2) 理化性

乳中蛋白质变为凝胶状态，导致炼乳变稠乃至凝固。这与牛乳中的酪蛋白和乳清蛋白的含量、脂肪含量、盐类平衡、酸度、浓缩条件和贮藏条件相关。

2. 膨罐（胖听）

甜炼乳产品在贮藏期间发生膨胀的现象，即为膨罐，又称胖听。分析原因：

①酵母菌使高浓度的蔗糖溶液发酵；

②厌氧性酪酸菌的繁殖而产生气体；

③炼乳中残留乳酸菌所产乳酸与罐壁的锡作用后生成锡氢化合物。

膨罐主要是由于微生物的原因造成的，因此使产品灭菌完全和卫生控制。

3. 沙状炼乳

沙状炼乳是甜炼乳的结构粗糙，口感有砂状感，这主要是由于乳糖晶体粗大所引起的。乳糖晶体大小与口感的关系如表 9－1 所示。

为了防止乳糖晶体过大，需要对淡炼乳的冷却工艺、贮藏条件加以控制和改进。

4. 褐变

甜炼乳产品在贮藏期间发生褐变，即颜色逐渐变为棕色，主要是由于乳蛋白与糖之间的羰氨反应造成的，该反应与温度、酸度及糖的还原力有关，温度和酸度越高，转化糖越多，则褐变现象越严重。

改善方法是避免高温长时的灭菌，使用优质的糖，以及成品在低温（≤10℃）下保藏。

5. 酸败味

酸败味是由于乳脂肪水解而产生的，而脂肪的水解则是由于脂酶的分解作用。因此要防止产品产生酸败味，则要彻底将脂酶灭活，即灭菌时要杀灭微生物及灭活脂酶。

二、淡炼乳

1. 脂肪上浮

脂肪上浮是淡炼乳常见的质量缺陷，主要是由于产品的黏度下降，均质不完全造成的。控制措施：

（1）控制黏度，即采用合适的预热条件，使炼乳的初黏度不要过低；

（2）浓缩时间不应过长，而且浓缩温度不要过高，以采用双效降模式真空浓缩装置为佳；

（3）采用均质处理之前，乳必须先经过净化和加热，将乳中的脂酶完全破坏。

2. 蒸煮味

产生蒸煮味也是淡炼乳常见的质量缺陷，主要是由于乳蛋白因高温长时处理而分解，产生硫化物所引起的。改善方式就是防止高温长时处理，一般采用超高温瞬时灭菌处理的淡炼乳就不会产生蒸煮味。

3. 膨罐（胖听）、褐变和变稠

产生原因及改善方式同甜炼乳。

参考文献

1. 骆承庠主编. 乳与乳制品工艺学，北京：农业出版社，1991.

2. 骆承庠，李中富. 乳品实用加工技术，黑龙江：黑龙江科学技术出版社，1989.

3. 曾寿瀛主编. 现代乳和乳制品加工技术，北京：中国农业出版社，2003.

4. 金世琳主编. 乳品工业手册，北京：轻工业出版社，1987.

5. 郭本恒主编. 乳品化学，北京：轻工业出版社，2001.

6. 郭本恒主编. 液态奶，北京：化学工业出版社，2004.

7. 郭本恒主编. 功能性乳制品，北京：化学工业出版社，2001.

8. 郭本恒主编. 乳品微生物学，北京：轻工业出版社，2001.

9. 王叔淳编著. 食品卫生检验技术，北京：化学工业出版社，1988.

10. 顾瑞霞，张和平等主编. 乳与乳制品生理功能特性，北京：轻工业出版社，2000.

11. 张和平，张列兵主编. 现代乳品工业手册，北京：轻工业出版社，2005.

12. 张列兵，吕加平主编. 新版乳制品配方，北京：轻工业出版社，2003.

13. 涂国材主编. 食品工业设备，北京：轻工业出版社，1991.

14. 谢继志主编. 乳制品科学与技术，北京：轻工业出版社，1999.

15. 孔保华主编. 乳品科学与技术，北京：科学出版社，2004.

16. 武建新主编. 乳品生产技术，北京：科学出版社，2004.

17. 利乐中国有限公司. 超高温灭菌产品质量保证推荐手册，Terra Pak，1999.

18. 利乐中国有限公司. Dairy processing handbook，Terra Pak，1999.

19. 内蒙古轻工科学研究所，内蒙古轻工业学校. 乳品工艺，北京：轻工业出版社，1989.

20. 天津轻工业学院，无锡轻工业学院. 食品工艺学，北京：轻工业出版社，1981.

21. 天津轻工业学院，无锡轻工业学院. 食品微生物学，北京：轻工业出版社，1998.

22. 乳品工业手册编写组. 乳品工业手册，北京：轻工业出版社，1987.

23. Ralph Early 著. 张国农，吕兵，卢蓉蓉译. 乳制品生产技术（第二版），北京：轻工业出版社，2002.

24. Gerrit Smit 主编. 任发政，韩北忠，罗永康，陈历俊主译. 现代乳品加工与质量控制，北京：中国农业大学出版社，2006.

25. 张兰威主编. 乳与乳制品工艺学，北京：中国农业出版社，2006.

26. 乳品手册　瑞典. 刘冬译. 北京：中国农业出版社，1987.

27. 董暮萤，任发政主编. 世界干酪文化鉴赏，北京：化学工业出版社，2004.

28. 蒋明利主编. 酸奶和发酵乳饮料生产工艺与配方，北京：轻工业出版社，2005.

29. 马钢. 酸奶制品制作技术及最新配方，北京：中国农业出版社，1994.

30. 阮征主编. 乳制品安全生产与品质控制，北京：化学工业出版社，2004.

31. 周树南. 食品生产卫生规范及质量保证，北京：中国标准出版社，1997.

32. 孙勇. 超高温灭菌乳品的风味变化，中国乳品工业，1990，18

(3)：118.

33. 武若飞，李艳华，吴平等. UHT奶的质量与原料奶的关系，中国乳品工业，1997，25 (2)：34—35.

34. 杨会君. UHT奶生产中的质量保证程序，中国乳品工业，1998，26 (5)：27—29.

35. 赵平. 超高温牛乳常见缺陷及排除方法，中国乳品工业，1999，27 (6)：29—31.

36. 何卫加. UHT灭菌牛乳常见质量问题的原因分析及控制措施，中国乳品工业，1999，27 (2)：33—35.

37. 方炜. 超高温灭菌乳在贮藏过程中的质量变化，中国乳品工业，1996，24 (3)：22—24.

38. 方义仁. 原料奶质量对UHT奶制品的影响及控制，中国乳品工业，1998，2：34—35.

39. 朱宏. 干酪的营养价值及发展我国干酪生产的几点设想，中国乳品工业，1994，22 (2)：64—67.

40. 刘雅楠，郑志强等. 蓝纹干酪加工工艺的研究，中国乳品工业，2007，35 (11)：22—24.

41. 姜峰，张兰威. 我国凝乳酶特性及其替代品的研究现状，食品研究与开发，2003，24 (6)：3—6.